나라는 식물을 키워보기로 했다

我决定养一株名叫“自己”的植物

118个自我成长的生活哲学

〔韩〕金银珠/著 〔澳〕焦虑线条（Worry Lines）/绘
朴艺丹/译

广西科学技术出版社

著作权合同登记 桂图登字：20-2022-185号

图书在版编目（CIP）数据

我决定养一株名叫“自己”的植物：118个自我成长的生活哲学 / (韩) 金银珠著；(澳) 焦虑线条绘；朴艺丹译. — 南宁：广西科学技术出版社, 2023.6
ISBN 978-7-5551-1945-6

Ⅰ. ①我… Ⅱ. ①金… ②焦… ③朴… Ⅲ. ①女性－人生哲学－通俗读物 Ⅳ. ①B821-49

中国国家版本馆CIP数据核字（2023）第065063号

WO JUEDING YANG YI ZHU MING JIAO “ZIJI” DE ZHIWU：118 GE ZIWO CHENGZHANG DE SHENGHUO ZHEXUE

我决定养一株名叫“自己”的植物：118个自我成长的生活哲学

[韩]金银珠 著 [澳]焦虑线条 绘 朴艺丹 译

策划编辑：刘 洋　　责任编辑：冯 兰
版权编辑：尹维娜　　责任校对：张思雯
责任印制：高定军　　装帧设计：古澗千溪

出 版 人：卢培钊　　出版发行：广西科学技术出版社
社　　址：广西南宁市青秀区东葛路66号　　邮政编码：530023
电　　话：010-65136068-800（北京）　　0771-5845660（南宁）
传　　真：0771-5878485（南宁）

经　　销：全国各地新华书店
印　　刷：雅迪云印（天津）科技有限公司　　邮政编码：301510
地　　址：天津市宁河区现代产业区健捷路5号
开　　本：880mm × 1240mm　1/32
字　　数：194千字　　印　　张：9
版　　次：2023年6月第1版　　印　　次：2023年6月第1次印刷
书　　号：ISBN 978-7-5551-1945-6
定　　价：65.00元

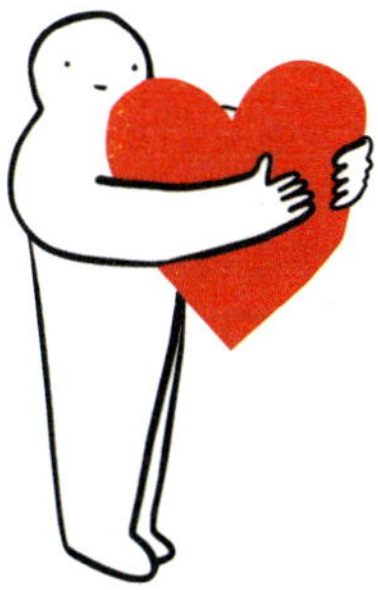

序言　我决定养一株名叫“自己”的植物

窗外的雾霾或眼里的沙子，
伤害身体的压力和深夜的加班，
认识或不认识的人所说的扎心话，
意想不到的失误和对自己的失望……

越是遇到这些情况，越要关心自己，调整身心。
无须做出重大改变，从小事做起就好，
试着把自己当作一株植物。
浇足水分，晒足阳光，
剪掉枯枝烂叶，静待心灵发芽。

在被消极情绪和不良事物重重包围的日常生活中，
为了迎接一天比一天更好的自己，
现在就开始一点一滴地灌溉自己，
爱护自己吧。

你会发现内心空荡荡的阳台上，
那株名叫“自己”的绿色植物长出了新芽。

目录

09　从今天起开始关爱自己

第一步

播种

先知道自己是颗什么样的种子，然后再萌发新芽

002　保持自我平衡
004　适时使用透明披风
006　感受植物的力量
009　自我关爱计划 1
010　创造闲暇时光
012　夜晚感性，清晨理性
015　自我关爱计划 2
016　倾听花语
018　可以了解我，但不要定义我
020　心伤治愈法
022　我的专属地图
024　自我关爱计划 3
025　先打开看看
026　成为像花瓶一样的人
028　观察自己当天的心情
031　自我关爱计划 4
032　在内心的阳台上种一株植物
035　爱自己从爱惜身体开始
037　自我关爱计划 5
038　找到人生最适宜的高度
040　适合尽情流泪的地方
043　自我关爱计划 6
044　成为自己的头号粉丝
048　自我关爱计划 7
049　每一秒都祝福自己
050　向着喜欢上自己的方向前进

第二步

适度浇水

当人生步履维艰的时候，不要做任何重大决定，而是做好每一件小事

054 喜欢不等于执着
056 浪费时间
059 自我关爱计划 8
060 整理、洗澡、跑步
062 生活和暑假的区别
063 自我关爱计划 9
064 明智的消费生活
066 自我关爱计划 10
067 以小见大
068 人生不在于长度，而在于宽度
071 自我关爱计划 11
072 生活的主语就是“我”
074 个人词汇簿
077 自我关爱计划 12
078 幸福由自己决定
080 找到打造完美时刻的“糖浆”
082 自我关爱计划 13
083 采访自己
086 踩下心灵刹车
088 用读书来保护自己
089 自我关爱计划 14
090 边治愈，边改变
092 自我关爱计划 15
093 内心越开阔，烦恼越渺小
096 心灵沐浴

第三步

剪掉枯枝烂叶

摆脱那些讨厌的事物，才能获得自由

100 语言的“无所有”
102 过滤掉讨厌听到的话
105 心灵时差
108 “你太敏感了”
110 享受强颜欢笑时的孤独
112 不笑的自由
114 给予足够的时间去忘记
116 因人际关系而感到痛苦时
118 被窝里的毒舌
119 自我关爱计划 16
120 不回答问题的权利
123 床上的和平主义者
124 越是艰难的日子
125 给他人一个机会
127 不给他人归类
130 爱上当下的自己
131 你所厌恶的人也有优点
132 那不是你的错
134 我又不是超市里的塑料袋

第四步

遇见蝴蝶、蜜蜂和星星

良好的人际关系，会令我的世界更加广阔

138 蝴蝶的偏好
141 如同海上红日般的人
142 友情是天然食材
144 诉说与倾听
145 化解悲伤的方式
146 褪去保护色
148 警惕恶意剪辑
150 用传统方式维系友情 1
152 用传统方式维系友情 2
154 伤害你的人，也是给你带来慰藉的人
156 疼痛的好处
158 人生的宽度
160 重要的是和谁在一起
162 保持心灵的安全距离
164 说出去的话
166 是孤星也是星河
169 是真情就别怕表露
170 要保留的最后一句话

第五步

拭去眼泪和尘埃

擦去身体和心灵的灰尘，成为熠熠生辉的自己

174 即使觉得人生已走到尽头

177 那些幸福以外的情感

178 无言的启示

180 独属于我的茶歇时间

181 如果不能只做自己喜欢的事情

182 忧郁的日子也是宝贵的人生

184 怒气要分期化解

187 美好一直都在

188 创伤的价值

190 用艺术的形式消耗负面情绪

191 自我关爱计划 17

192 与自己保持社交距离

194 丢掉沉重的东西

195 自我关爱计划 18

196 成为会说话的人

199 休息也讲究时机

200 反正一切都会好起来

202 停止安慰

203 成为了解自己潜能的证明者

205 自我关爱计划 19

第六步

等待适宜的季节

经受住严酷季节的考验，必将迎来东风

208 即使这样，你也要继续前进
210 将恐惧转化为势能
213 换个角度看世界
215 延绵不绝的希望
216 为什么要停止
218 乌云上有晴空
220 人生如何举重若轻
223 去报复不如去开始
224 暂停是为了更好地出发
226 只将美好收藏
229 宽于待己
230 在尝试中成长
232 身处黑暗是为了迎接曙光
234 纵使疾风起
235 终于，你的季节到来了

第七步

终使花开

为了让自己成长，为了成为更好的自己

240 心怀梦想
242 忽略年龄
244 别再说“明天开始”
246 我为什么想得这么复杂
248 称赞自己
251 结局握在自己手中
252 成为第一名之前
254 一直保持可爱
257 选择冒险
258 不要“关注”，要成长
261 自我关爱计划 20
262 走在属于自己的路上
264 成为自己
266 重新诠释“时机”
267 最闪耀的向导星

270 索引

从今天起开始关爱自己

本书中一共有 20 个“自我关爱计划”，分布在不同的章节中。通过实践这些计划，你可以更加了解自己，让藏在内心深处那个更好的自己萌发新芽。在读完这本书之后，你将会拥有多层面的、更强大的自己。

这些自我关爱计划既可以独自默默地实施，也可以在加上“# 自我关爱计划 #”的标签后，放在个人社交账号上打卡和与他人共享。毕竟，在你想要坚持做某件事情时，比起独自下决心，共享和发布出来会让你更有动力。而且通过共享彼此的计划，你还可以看到其他人都是通过什么方法来关爱自我的，这可以让你获得灵感。正如那些形态各异的花花草草汇聚在一起，才组成了姹紫嫣红的花园那样，尽管自我关爱计划是非常私人的，但是它不仅可以治愈每个不如意的瞬间，还可以让人们遇见更好的自己，让这个世界一点点地变得更好。

自我关爱计划

第一步

播种

先知道自己是颗什么样的种子，
然后再萌发新芽

保持自我平衡

不要把自爱与自私混为一谈。

要把竭尽全力与自我损耗区分开来。

爱自己，也要照顾他人。
竭尽全力，也要珍惜自己。

就像所有关系都需要保持平衡一样，
与自我的关系也不例外。

适时使用透明披风

在茫茫人海中，应该远离哪些人其实很简单，
那就是远离妨碍我爱自己的人。

当我要靠自己的力量站起来时，
当我想要尝试新鲜事物时，
当我为了有所成就而努力拼搏时，
如果有人装出很关心的样子，
却说出令我泄气的话，做出令我沮丧的事，
只盼着我一败涂地的话，
我就从心灵衣橱中拿出透明披风，潇洒地披在身上。

如果有人有意无意地给我泼凉水，
绊住我好不容易迈出去的脚步，
搅乱我刚刚平复的心情，
我就从心灵衣橱中拿出透明披风，漂亮地披在身上。

换句话说，就当什么都没有发生吧。

你要记住，
如果真的爱自己，
最需要倾听的不是别人的声音，
而是自己的声音。

应该远离什么样的人?

很简单，要远离妨碍我爱自己的人。

感受植物的力量

如果你不能像老虎一样威猛，
却总像老虎一样暴躁，
那就试着把肉食换成素食吧，
全身心地感受几天素食之妙。

沙拉、果蔬汁不仅对身体有好处，
还可以帮人实现心灵放松。

宿醉后的第二天，
喝一杯解酒的黄瓜汁；
被上司数落的日子里，
吃一顿可以稳定情绪的生菜沙拉；
和朋友一起视频热聊的那天，
吃一根具有护眼功效的胡萝卜；
和恋人大吵一架后的忧郁日子里，
吃一盘促进多巴胺分泌的拌菠菜……
还有，为了让自己满意镜中的自己，
再喝一些有益于皮肤的番茄汁。

这些都可以帮助你感受到植物那新鲜的力量。
肉食虽然能增强体力，
但素食却能振作精神。

如果决心成为更好的人，
先从准备更好的食谱开始吧，
你可以借助植物的力量。

全新的自己，
是从每天的新鲜食谱开始的。

理想中的食谱

法国传奇厨师让·安泰尔姆·布里亚·萨瓦兰曾说过：“如果告诉我你都吃什么，我就能知道你是一个什么样的人。”我们吃的东西，构成了我们的身体和精神。那么，你最近有没有吃对身心有益的食物呢？如果最近突然感觉心情不好，容易疲劳的话，问题有可能出在你吃的食物上。你可以把自己最近一周的食谱写下来，然后将不好的食谱全部换成能让自己变得神清气爽、神采奕奕的新食谱。哪怕是从吃几个樱桃番茄、几粒坚果，甚至只是多喝一点白开水开始，也是不错的开端。即使不能百分之百换成理想中的食谱，但只要一点一点地改善下去，就能感受到明显的变化。与此同时，你为自己的身体做了一点事情，这也会让你获得一种成就感。

过去一周我吃东西的记录

星期一	星期二	星期三	星期四	星期五	星期六	星期日

应该从我的食谱中删除或添加的食物

应该少吃或不吃的食物

需要增加的营养和食物

创造闲暇时光

只是做自己喜欢的事情，
就足以让我心里盛开一朵花。

但是我喜欢的事情却不能在闲暇时间去做。
因为对于现代人来说，闲暇就像限量版腕表一样，
可望而不可即。

现在，不如让我们重新定义一下“闲暇”吧。
就像提前切下一块蛋糕，留给自己珍视的人那样，
从一天或一周的时间中留出一段，
预留给自己做喜欢的事情，
就是为自己腾出一整段的绝佳时间。

闲暇时光不会凭空出现，要靠自己去创造。

闲暇时光不会凭空出现，

要靠自己去创造。

夜晚感性，清晨理性

清晨是理性梳理昨天所发生的事情带给自己的各种感受的时间，
帮你用新的能量与全新的一天问好。

所以每天早上起床后，
如果脑海中浮现的大部分事情都是能让你心情愉悦的，
那么你的人生就是积极向上的。

相反，在夜晚时，脑海里既可能出现天马行空的想法，
也可能出现留恋、后悔、悲伤、忧郁等情绪。
这是一段不请自来的感性时间。
狼人只会在夜晚现出原形，或许也是出于这样的原因吧。

这个夜晚，如果你想到的是：
自己犯了很大的错误，人生已经无可救药，世界末日即将到来。
那么，你应该做的事情就是：
穿上舒适的睡衣，赶快钻到被窝里睡觉。
最危险的事情就是把这一瞬间的感情，用文字或语言传达给某个人。

第二天早上，你会发现，
其实那些并没有什么大不了的，
最重要的是，你知道自己是有解决那些问题的能力和意志力的。
（在这样的日子里，早饭要准备既美味又丰盛的食物。）

白天的悲伤

夜晚的悲伤

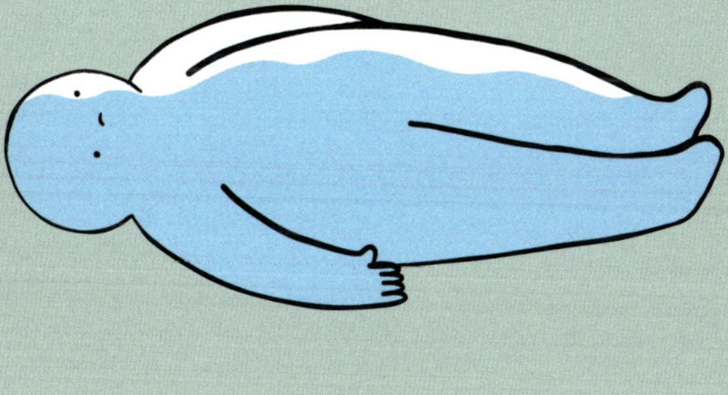

其实每个人都有感性与理性的一面，
在某个瞬间或是在某种情况下，会变成截然相反的另一个人，
连自己都会被自己意想不到的样子吓到。

这时更要对自己宽容一些。
要接受、理解并包容自己不同的样子，
耐心等待那个曾经熟悉的、令人满意的自己再次出现。

因为夜晚终将过去，清晨必定到来，
而强大又积极的自己定会在那时归来。

要接受、理解并包容
自己不同的样子。

撰写晨间日记

撰写晨间日记，可以帮助你了解一下自己近期的日常生活。虽然有时会走岔了路，但是要问问自己是不是依然朝着自己心中的方向在一点点地前进。今天早上，最先浮现在自己脑海中的念头是什么？是什么样的心情？如果当空的艳阳也无法驱走你内心的阴霾，那么你或许要调整一下自己的日常生活，去解决某些问题了。如果你面对的是需要花时间才能解决的事情，那就更应该调整一下心态了。

日期	晨间日记
/	
/	
/	
/	
/	
/	
/	

倾听花语

星期一要像香雪兰一样给自己打气。
它的花语是“支持你的开始”。

星期二要像鸢尾花一样心旌荡漾。
它的花语是“好消息”。

星期三要像洋甘菊一样坚韧不拔。
它的花语是“不屈服于逆境的坚毅”。

星期四要像凤仙花一样知己知彼。
它的花语是“请不要碰我”。

星期五要像金盏花一样充满期待。
它的花语是“一定会到来的幸福”。

星期六要像粉红色的满天星一样享受生活。
它的花语是“幸福和快乐的瞬间”。

星期日要像散步路上发现的野花。
它的花语是“亲近自然”。

希望你一整个星期都像花儿一样，
充满绚丽的色彩和迷人的香气。

没有心情听别人说话的时候，
不妨送给自己一朵花或是一束花，
与花亲近，听花细语。

即使不侧耳倾听，
也能由眼及心，
感受到生机，获得力量，得到慰藉。

可以了解我，但不要定义我

虽然知道自己有时会着急，
但是不要把自己定义为急脾气的人。
虽然知道自己有时会害羞，
但是不要把自己定义为腼腆的人。

如果对自己有充分的了解，
就能应付自己可预见的样子。
如果不去定义自己的话，
就更容易从窠臼中脱离。

充分了解自己，
并且也让自己拥有更多的可能性吧。

那样，才能塑造出更好的自己。

连打招呼都害羞

心伤治愈法

受到伤害，

意味着那个让你感到不痛快的人，正占据着你的内心。

也意味着在你心里还有很多

想说的话、想听到的话、想解开的误会，或是遗憾。

疗伤的方法其实很简单，

没有必要去试图战胜谁或是咒骂谁，

也没有必要分清对错、消除误会、获得认可、得到道歉，

更没有必要索取别人的爱，或者是惹人讨厌。

只要把这一切都从你的心里清除出去就好了。

没有必要让所有事情都有个了结。

只要你心里感到舒服，那就是最好的了结。

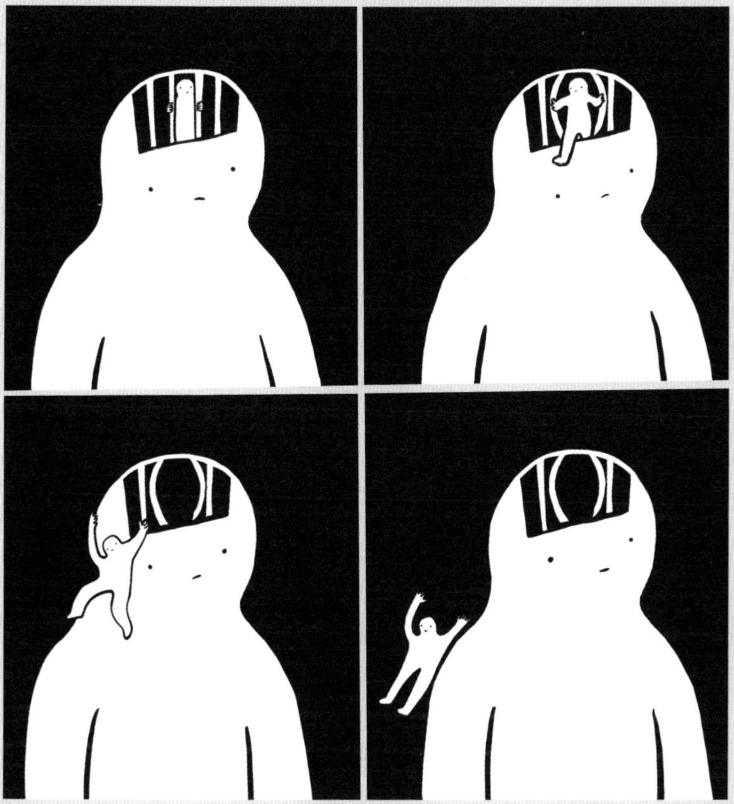

只要你心里感到舒服，
那就是最好的了结。

我的专属地图

我想让别人看到的样子，
表现在我穿的衣服上，
而我没有表现出来的真实自我，
则隐藏在我经常去的那些地方。

图书馆、附近的湖泊、热门咖啡馆、朋友家、街心公园、酒吧、大型超市、便利店、商场、书店、景点、饰品店，还有我的家。

哪里是
我最近经常去的地方？
我最近感到舒服的地方？
我最近想逃离的地方？
我最近想要去的地方？

根据心意画出专属于自己的地图，
就能更加清楚自己近期的日常、欲望、缺憾、兴趣、梦想，
将可以更加了解那个陌生的自己。

只属于我的“那个地方”是哪里呢？

我想去的那些地方

标记我的专属地图

把经常去的地方用●标记，感到舒服的地方用◆标记，想逃离的地方用▲标记，想要去的地方用■标记。然后，再在每个地方写下自己的简短评论。这可以使你更加了解自己，发现自己的另一面，察觉到之前没有察觉的种种。你会发现自己真正喜欢的和讨厌的是什么，发现自己身上的不足或需要改进的地方，发现自己最近为什么开心或难过，发现自己想要改变的或者希望变成的样子。

● 经常去的地方
◆ 感到舒服的地方
▲ 想逃离的地方
■ 想要去的地方

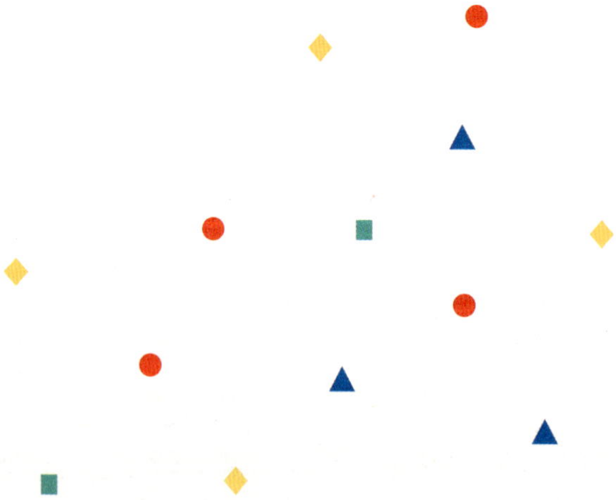

先打开看看

无论是地图也好，是才能也罢，
在展开之前，没人知道它会有多大。

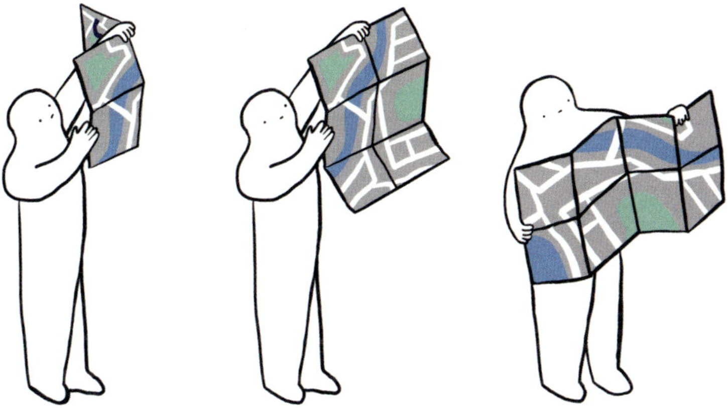

成为像花瓶一样的人

有很多人想成为花朵，
希望自己美丽动人、芳香四溢、惹人注目。
然而，再美的花朵，也只是一枝独秀。

所以，我要成为像花瓶那样的人，
将姹紫嫣红全都揽入怀中。
我将会发现他人内心深处绽放的花朵，
发现他的美丽动人，
发现他的馥郁芬芳，
发现他的清新脱俗。

就像在花瓶里插的都是明艳动人的鲜花一样，
像花瓶一样的人身边围绕的也都是花一样的人物。

花瓶本没有香气，
却总是能散发出阵阵清香。

封闭的心

狭隘的心

豁达的心

敞开的心

观察自己当天的心情

36.6℃　09:10　　办公室
36.3℃　12:05　　紫菜包饭餐厅
37.0℃　12:45　　公司旁边的咖啡厅
36.0℃　19:50　　小区书店

如果一天测量好几次体温，
就会发现每个时间段的体温都不一样。

我的心情也和体温一样，每时每刻都在发生着变化。
无论体温是高还是低，我都是我。
同理，无论心情是好是坏，我也都还是我。

说这些话，
或许是因为对人类缺乏理解与共鸣。
毕竟人类的情感本就是复杂而又细腻的，
而正因如此才成就了人的与众不同。

就像我们会为了找到适合当天天气的
衣服、鞋子或雨伞而观察窗外一样，
我们也应该观察一下自己当天的心情，
然后充分理解当时的心情，并拥抱那种心情。

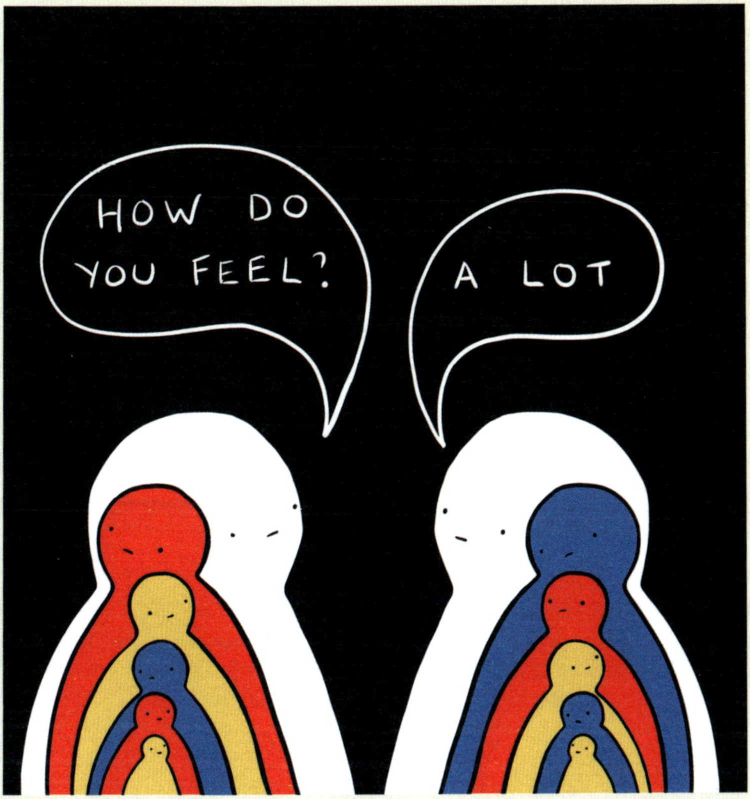

你的心情怎么样啊？　　五味杂陈啊

“最近过得好吗？今天怎么样？”
如果你曾这样问候过别人，也不妨这样问候一下自己吧。

如果此时你并不是只有一种心情，
而是心绪复杂的话，
也应该接受并理解心绪如此复杂的自己，
因为是它成就了独一无二的你。
所以请放轻松，接受不完美的自己。

心情记录法

或许是因为习惯，或许是为了工作，你总是会照顾别人的情绪，但是如果你已经对此感到疲惫的话，就证明是时候关心一下自己了。现在开始体会并记录下自己的心情吧，不管是用什么样的方式记录都可以。写文章也好，画幅画也好，无论是三言两语的短句，还是偶然想起的歌词，甚至是简单的涂鸦，都没问题。重要的是把自己的心情记录下来，让自己拥有完全专注于感受自己心情的时间。这样，自己的心情就会得到理解与尊重，沉重的心情就会得到缓解，会一点点变得轻松起来。

日期____.____.____/____:____上午/下午

在内心的阳台上种一株植物

用来净化空气的植物就算不去精心侍弄，
也会凭借强大的生命力而长势喜人。
波士顿蕨菜的叶片虽小却非常茂盛，可以去除甲醛；
散尾葵*的叶子可以释放大量水分，具有调节湿度的能力；
观音竹即使是在寒冷的环境里也能茁壮成长，还能吸收氨气；
橡皮树可以用其又宽又厚的叶子，净化雾霾和一氧化碳。

现在，请在我们内心的阳台上
也种上一株容易养大又能净化心灵空气的植物吧。

波士顿蕨菜可以是清空内心阴霾的瑜伽，
散尾葵可以是滋润心田的音乐，
观音竹可以是留一身清爽香气的热水澡，
橡皮树可以是扫去心灵尘埃的书籍，
或者是我需要的其他事或物。

* 散尾葵
为了改善居住在空间站的宇航员们的生活环境，
美国国家航空航天局进行了与能净化空气的植物有关的研究。
研究显示，散尾葵、观音竹、橡皮树
分别排在净化空气植物榜的第 1、2、4 位。

请在我们内心的阳台上
也种上一株容易养大又能净化心灵空气的植物吧。

就像通过叶子的呼吸，适当的湿度调节，
植物根部微生物不知疲惫的活动，
就能使空气变得干净湿润一样，
我们也可以通过运动时的呼吸，适当的乐曲音量，
翻开一张张书页的细腻动作，
把憋在心里的恶言恶语和郁结的浊气彻底净化。

与此同时，把这些植物
搬进自己家的客厅并把它们养大，
其实也是关爱和保护身心的一种措施。

爱自己从爱惜身体开始

即使再怎么打扮自己、称赞自己，
做一些取悦自己的事情，
如果不爱惜自己的身体，就算不上是真正地爱自己。

如果只是装扮外表，却并不在意内心；
如果只是调整心情，却不调整态度；
如果遇到了合得来的人，却遇不到适合体质的食物；
如果因为把所有的精力都投入到自己喜欢的事情上，
而忘了照顾自己……
那么，能量就会很容易消耗殆尽，
情绪也会愈发起伏，
在某个瞬间，还会感到无比空虚。

按时吃的简单早餐，
一有空就会喝的清水、吃的水果，
每周都有几次的跑步或骑自行车等规律的运动，
没有智能手机、什么都不做的心无杂念的短暂休息，
这些都是送给自己身体的，同时也是送给自己内心的礼物。

就像完成艰巨任务后，送给自己一件心仪已久的礼物一样，
即使不是什么纪念日，也要准备一份小礼物送给自己的身体，
毕竟我们每天都要面对这样那样的小难题。

不要忘记爱惜自己的身体。
因为那是更长久地、更完整地
爱自己的方法。

自我关爱

5

制订爱护身体计划

你都有哪些爱护自己身体，或者是计划当中的自我关爱方法呢？及时涂抹防晒霜，经常敷面膜，坚持步行运动或肌肉运动，每天吃一个西红柿，少吃咸的和辣的东西，多喝水，坚持补充镁和维生素，少吃夜宵，少发火，做冥想……尽管有时我们会因为压力太大和身体疲惫而产生放弃的想法，但是为了爱护自己的身体，在日常生活中一定要坚持下去。如果忙碌的日常生活和工作让你忘记进行防护，那就重新制订一下新的计划，并一个一个地坚持下去。

自我关爱1

自我关爱2

自我关爱3

自我关爱4

找到人生最适宜的高度

可以放低自己的身段，
让那些比我弱的人站在我的肩膀上。

放低自己的身段，
但不让那些比我强的人从我身上踩过去。

不卑不亢，
才是人生最适宜的高度。

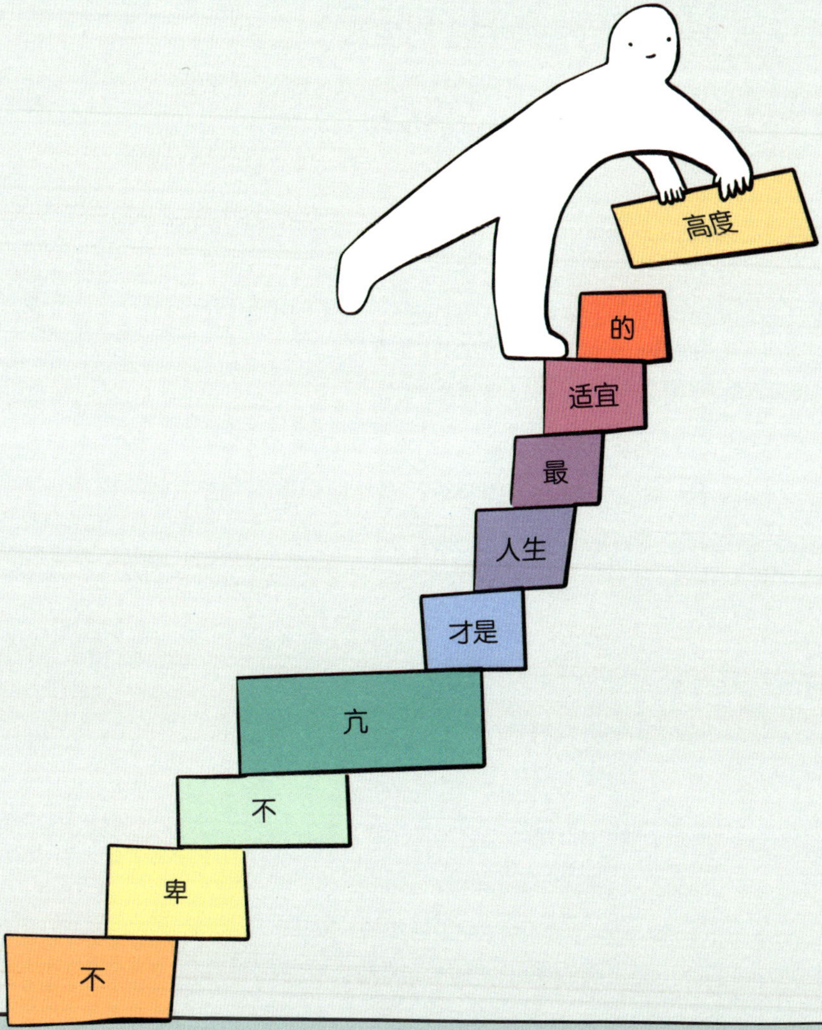
不
卑
不
亢
才是
人生
最
适宜
的
高度

适合尽情流泪的地方

每次咽下眼泪的时候，都会有一股热流涌向我的喉咙，
那好像是我燃烧的心脏，
又像是我如鲠在喉的肺腑之言。

面对弱肉强食的职场丛林，
犹豫不决可能是我最致命的弱点；
面对那些认识我的人，
我并不愿表露自己的感情，当然他们也不会在意我的感情；
面对要好的朋友，
即使彼此间越来越亲近，感情也还是会成为朋友的负担。

所以我要控制自己的眼泪，不让自己哭泣。
哪怕是一点点情绪，
都不能随意流露出来，
也不能让别人察觉到。

于是，我会选一个最安全、最舒服的地方去哭。
公司卫生间的第四个隔间，那是我疲惫的时候暂时小憩的地方；
人少的公交车站或是车厢最后一排的座位；

空旷的公园，那里只有无视人类悲欢的鸽子在专心觅食；
铁路的岔道口，那里的鸣笛声完全可以盖过号啕大哭的声音；
堆了一堆杂物的房间，那些沉默的物件不会泄露我哭过的事情。

不同于一眼就能看到的
卫生间标识、自动扶梯标识、紧急出口标识，
那些适合一个人尽情流泪的安全场所，
不会有任何标识，所以也不会被人轻易发现。
而这样的地方对于我们来说却是迫切需要的，
远比隔一个路口就能遇到的
熙熙攘攘的咖啡厅重要得多。

每当到那里的时候，
那些隐忍不发的话语和情感，
会化作一声痛哭和几行眼泪倾泻而出。
在这之后，头脑和内心暂时都会被清空。
有时，与其慢条斯理地梳理那些纷乱的情感和千言万语，
倒不如用眼泪和哭声一次性地清空所有的烦扰，
这样反而更容易理出头绪。

所以我们需要一个适合尽情流泪的安全场所。
倒掉一切之后，为感情腾出一间空房间，
那空出来的干净的房间，
是可以重新装满自己想听到的话，想拥有的感情、想法和意志的房间。

在最适合流泪的地方，
我将发现自己内心深处最干净整洁的角落。

6

自我关爱计划

找到适合尽情流泪的地方

到目前为止，你认为自己曾经哭过的地方中最安全的是哪里呢？写下位置和想说的话吧。

不要认为那是个让你伤心的地方，其实那里是让你释放积压已久的眼泪，重新装满自己想要的话语、感情、想法和意志的干净整洁的空房间。哭过后，理清思路重新开始。

成为自己的头号粉丝

我的手机里有几张令自己感到满意的自拍照：
刚做完运动后健康红润的我，
刚化完妆或是刚洗完澡后清爽的我，
即将面对公司重要事务时给自己打气的我，
在专心工作时灵光乍现的我。
这些都是我很满意的自己。

拍照的那一瞬间，我和自己坠入了爱河。
就像我们很有可能与经常碰到的某人坠入爱河一样，
与每天遇到的自己坠入爱河也不是什么稀奇的事情。
我的自拍照之所以比别人给我拍的照片更好看，
是因为在漫长的岁月里，
观察我自己，发现自己的美，
最了解自己，最爱自己的人，
就是我自己。

就像自拍一样，
只有我能发现
最令我满意的外在美和内在美，
至于别人知不知道，根本没有关系。

为自己成立一个永不解散的粉丝俱乐部吧。
让自己成为第一个，也是最后一个爱自己的头号粉丝。

自恋，可以让我发现很棒的自己，
同时也能唤醒自身的潜能。
自恋让我爱上自己，
让我可以记住最令自己满意的样子，
同时还会带给我生机和力量，让我拥有更好的外貌。
用自恋这面镜子观察自己，
可以发现自己内在的无限可能与美好。

如果某一天突然发现自己不再自恋的话，
那就要先搞清楚原因，还要更加善待自己。
是不是太过于追求完美了？
是不是总在跟别人比较？
是不是太执着于不值一提的小事？
是不是为了照顾别人而忽略了自己？

什么都没有善待自己重要。
所以，为了重新找回爱自己的勇气，
要拥有一颗细腻而又温柔的心。
不要因为绷紧的神经而使身心变得像竹枝一样僵硬，
要努力让自己的身心像纤细而柔软的芦笋叶子一样。
要记起自己美丽或帅气的、取得各种成就的那个瞬间；
即使没有任何成就，也很幸福的那些时光；
还有自己曾经让某人感到幸福的那段时光。

不要用完美主义者的目光，而要用热恋中恋人的目光，
用 3 岁孩子母亲的目光，
用非常主观却带有无限信任和支持的目光，
望向自己。

当自己美丽的时候，我们会更容易爱上自己。
但即便是犯了小错误，哪怕是遭受了很大的失败，
也要保持自恋，
不断发现自己身上那些新的美好。

为自己成立一个永不解散的粉丝俱乐部吧。
让自己成为第一个，也是最后一个爱自己的头号粉丝。
因为爱自己的力量，
出于爱自己的心。

就像每天早晨都要照镜子一样，
希望所有人都能经常拿出
那面名叫自恋的镜子，
时不时地照出自己的美好。

重新观察自己

通过这面自恋的镜子，你能看到哪些最令自己满意的样子呢？把你看到的那些全都记下来吧。无论是外在美还是内在美，都可以记下来。仅凭记住那些样子、回忆那些样子，就能让人重新获得生机与力量。

在下面写下让自己满意的，只有自己能发现的 7 种美好的样子。

（当然，如果是 17 种就更好了）

1

2

3

4

5

6

7

每一秒都祝福自己

如果祝你天天快乐，就好像是说不知何时才能再见到你；
如果祝你拥有美好的一季，又好像是说要到下个季节才能再见面；
如果祝你度过美好的一天，则像是明天才能再见面一样。

既然如此，我想对你说：
祝你每一个瞬间都好。

因为转过身后，下一秒就会想念你。
因为希望在我想念你的每个瞬间，
你能依旧美丽、开心。

向着喜欢上自己的方向前进

如果我不能十分喜欢自己，
就会寄希望于别人喜欢自己。

如果我十分喜欢自己，
就不会在意别人看我的眼光。

如果总是在意别人的眼光，
那就要先审视一下自己，
发现自己值得被喜欢的样子。
就像赞美别人那样，赞美自己吧，

对镜自顾时，不仅要赞美自己不够流畅的颈部线条，
也要赞美自己光滑的皮肤。
不仅要注视脸上的粉刺，
也要注视深邃的眼眸。
回顾这一天时，不要只想到自己摔倒的事情，
还要为自己再次站起身而拍手叫好。
既要记得自己脱口而出的无心之失，
也要记得自己恰到好处的缄默不语。

即使无法发现令自己满意的地方，
也无须失望，
努力做到让自己满意即可。
为了喜欢上自己，更要对自己呵护备至。
想要走进别人心里，不也得费尽心思吗?

散步、聊天、美食，在享受这些幸福的同时，
为了明天的梦想，也要试着忍耐，试着坚持。
让我们一手端着咖啡，一手拿着指南针，
然后，继续走下去。
向着喜欢上自己的方向，一步一步地前进。

让自己变得优秀的方法，
就是从更加喜爱自己开始。
只要充分喜爱自己，
即使不够优秀，也会爱上自己。
就这样，我成了更好的自己。

第二步

适度浇水

当人生步履维艰的时候，

不要做任何重大决定，而是做好每一件小事

喜欢不等于执着

当你被什么东西所牵绊的时候，
你就会失去 3 样东西：自由、纯粹的快乐和自我。

所以要把喜欢和执着区分开来，
无论何时都能以平常心等待和享受。
虽然喜欢下雪天，但是并不执着于此，
这样下雪的时候会很开心，
而不下雪的时候也不会感到痛苦。

无论是对待自己喜欢的事情或自己的兴趣爱好，
还是对待自己喜欢的人，都应该如此。
在不失去自由、纯粹的快乐和自我的同时，
还要懂得尊重自己喜欢的对象，
就像地球和月亮一样，既保持距离又喜欢着彼此。

记住：没有必要因为海景优美就潜入大海深处。

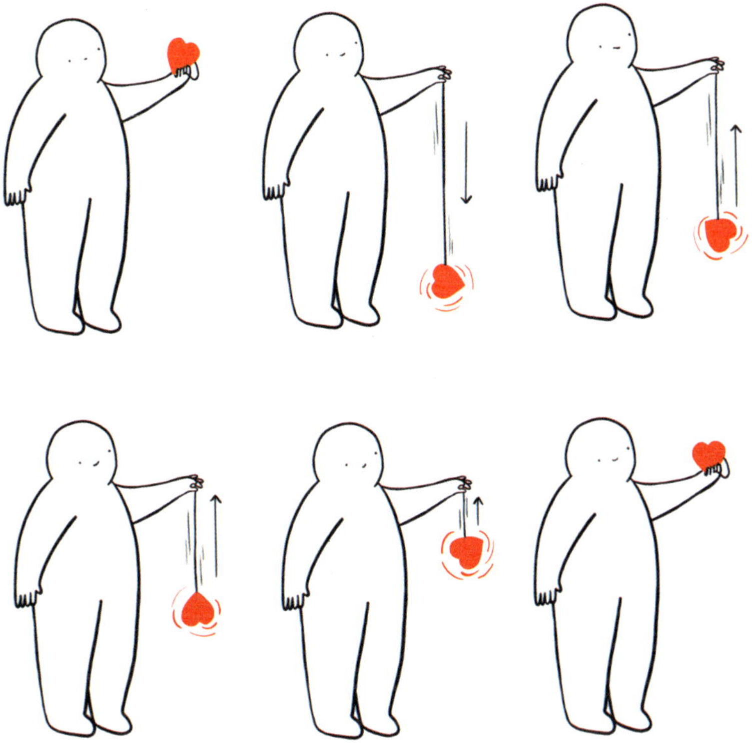

要懂得尊重自己喜欢的对象，
就像地球和月亮一样，
既保持距离又喜欢着彼此。

浪费时间

浪费时间吧。

在温度适宜的浴缸里泡上半个小时。
在星期天早上醒来后再睡个回笼觉。
等着悠闲的咖啡馆老板端来一杯手冲咖啡。
堆一个明天可能就会化掉的雪人。
烤坏了曲奇，就重新再烤一次。
画了又擦，擦了再画，享受画画的乐趣。
就算拍了 40 多张自拍，也不妨再多拍 20 张。

什么都不做，什么都不想，在云朵下优哉游哉。
边和恋人打电话，边在同一条胡同里转上一圈又一圈。
直到指甲油干透，直到面膜完全被吸收。
猜一猜风是从北边来还是从东边来。
等着看完最后一场烟花秀。
研究水和肥皂的比例，吹出更大更持久的肥皂泡泡。

用绒线球逗弄小猫咪。
静静观察行动迟缓的蜗牛。
翻开书，边看引言边打瞌睡。
第 35 次挑战倒立。

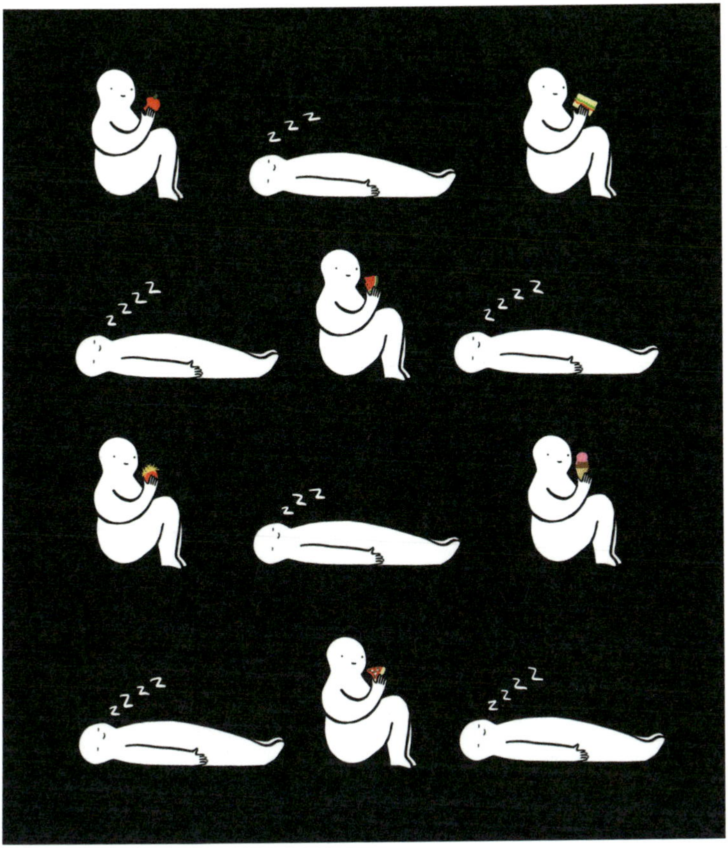

什么都不做，什么都不想，
在云朵下优哉游哉。

在湖边静静等着摄影绝佳时刻到来。
躺在沙发上听上几十遍同一首歌曲。

浪费时间吧，
可以用各种各样的方式，只要不是用别人的方式就好。

我们已经习惯了节省每一分每一秒，
分秒必争的我们在面对闲暇时光时，往往会感到不知所措，
甚至是焦躁不安。
但是浪费时间并不等于浪费人生，
因为我们恰恰是需要浪费一些时间的。

因为在浪费掉那些时间之后，
反而会腾出一点空间或者是填满一些空间，
会遇见更加温柔、更加爱笑的自己，
遇见更加出类拔萃、充满活力、焕然一新的自己。
换句话说，浪费时间可以让我们更加自我，
遇见更为满意的自己。

浪费时间吧。
再给自己多一点时间，让自己能随心所欲地做任何事情。

8

浪费时间清单

你都有哪些想浪费时间去做的事情呢？把它们都列出来吧。越是琐碎的事情，越是没有效率的事情，越是不重要的事情，就越好。唯一值得注意的是，一定要用自己选择的方式，而不是用别人的方式。我们偶尔会忘记一些事情，索性就给自己留点空白的时间吧。

- 材料　空闲时间（或是充裕的时间）
- 方法　随心所欲

“想浪费时间去做的事情”清单

（浪费时间完成后，请加以确认）

- [ ]
- [ ]
- [ ]
- [ ]
- [ ]
- [ ]
- [ ]

整理、洗澡、跑步

当你难以平复心绪的时候，
可以去整理一下房间；
当你难以理清感情的时候，
可以去泡个热水澡；
当你无法摆脱消极的想法时，
可以从你所在的地方跑向别处。

事物与我，身体与我，世界与精神是相连的。
有时看起来微不足道的事物或是自身习惯，
会通过控制周围的环境，
带来肉眼可见的细微变化，
而这些变化能让自己拥有一种掌控能力，
可以控制自己复杂的心情和消极的想法。

如果你遇到了大大小小的感情问题，
却不知道该用什么样的方法去解决，
那你不妨先整理一下房间，洗个热水澡，再去跑跑步。
顺序由你而定。

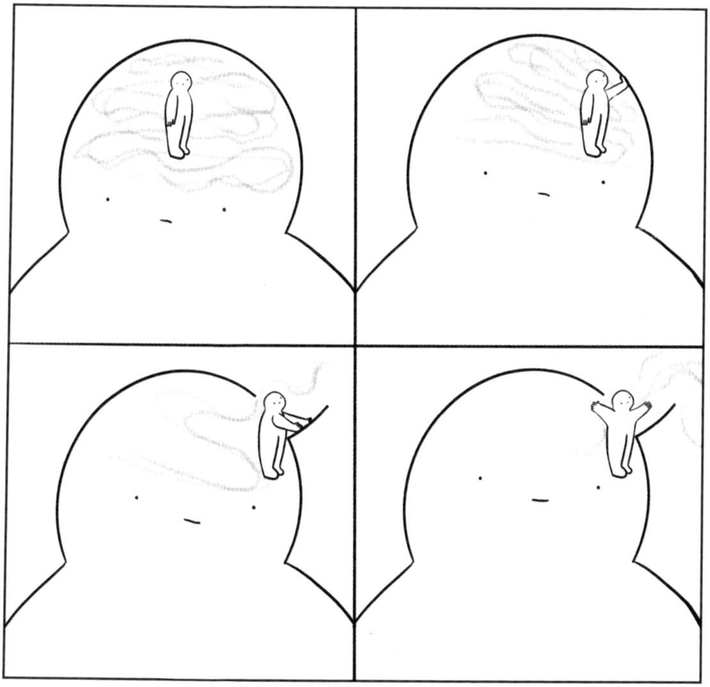

这些都能让心情透个气，
可以让人呼吸到新鲜的空气，
获得净化心灵的空气与空间。

让你可以更加彻底地放松自己。

生活和暑假的区别

事情不能按计划进行。
就像写日记一样，中间总是会有被落掉的部分。
我发现总有人会像外婆那样等着我，
也懂得了久违的重逢有多么温暖。

敢去尝试大大小小的冒险。
不管冒险带来的结果如何，只要勇敢前行，就会让人成长。

在陌生的地方遇到陌生人。
虽然会忘记大部分人的名字，
但是会和其中的几个人留下永不磨灭的回忆。
曾经经历过的艰难困苦，都会藏进记忆的角落里。
越是临近假期结束，开学和上班的日子似乎来得就越快。
早知道这样，就该再多抓几只蝉，多玩几次水。
我并不后悔没做那些该做的事情，
让我感到后悔的是，没能去做更多想做的事情。
对于大人们来说，暑假早已经结束，好在生活并没有结束。
所以，
即使工作仍然堆积如山，即使日记总是未完待续，趁现在出发就不算太晚，拿出勇气去做那些想做的事情吧。
这就是生活和暑假的区别。

9

自我关爱计划

愿望清单与“夹克清单”

暑假虽然是过去了，可生活却还在继续。在这个季节结束之前，趁一切都还来得及，想想自己的愿望清单上还有哪些想做的事情吧。为什么一定要把想做的事情的最后期限设定在临死之前呢？所以不要写愿望清单，而是写一下更具时效性的“夹克清单”吧。“夹克清单”是指人们担心错过短暂的春装季节而列出来的穿衣清单。趁还不算太晚，就像列“夹克清单”那样，把自己现在想做的事情都列出来吧。

任何事情都可以列在表上。需要别人帮助或是为别人提供帮助才能完成的事情，琐碎却能从中获得喜悦的事情，能带来或大或小的成就感的事情，与人际关系有关的事情，可以完全自得其乐的事情……什么事情都可以。记录在下面列表中的事情，要趁早开始去做，而且越早越好。要是现在就能做，那就再好不过了。

我的“夹克清单”

举例来说，
买一个水晶杯，买到的是特别的心情。
不是用塑料杯，而是用稍重却晶莹透亮的水晶杯喝水，
在每一次喝水的瞬间，都可以感受到自己被宠爱的感觉。
装在水晶杯里的水会带来闪亮而又特别的心情。

买一杯咖啡，买到的是独处的时光。
用一杯咖啡或一盏茶获得的独处时光，
可以让自己从烦恼中解脱出来，得到片刻休息，
也可以获得一点提示，解开千丝万缕的愁绪。

买一本大号无纹笔记本，买到的是醍醐灌顶的灵感。
笔记本的大小有可能决定脑洞的大小。
我们虽然可以把随时冒出来的想法记在手机的备忘录上，
但是想要梳理复杂的想法时，
或是在灵感接踵而至时，
最好还是有一本大大的笔记本。
没有线条的全白笔记本能让人的心灵信马由缰，
也能让人随便勾勒出简单的图画。

买一款价廉物美且吸引自己的单品，买到的是自己的偏好。
买的东西越是贵重，内心就越是空虚，还会刺激人产生更大的欲望。
所以要买价格不贵，却承载着自己喜好的东西。

即使是别人看着微不足道的，
即使是与流行背道而驰的，
只要是自己喜欢的，只要是适合自己的，
那就比任何东西都有价值，都耀眼夺目。
有些东西只有来到我身边，才会变得特别闪亮。
我们就是要发现那样的东西。
另外，对于自己的喜好，没有必要向任何人解释说明。

在景点买下可买可不买的东西，买到的是回忆与缘分。
在景点为了买或不买某件物品而犹豫不决时，最好还是买下它。
因为在多数情况下，因为没买而后悔的比例比买完后的更高一些。
因为每当看到那件东西时，脑海中都会浮现旅行时的愉快记忆。

买一份惊喜礼物，买到的是悸动和幸福。
我们可以只为自己消费，但是为别人消费也能感受到悸动和幸福。
在考虑他喜欢什么的时候，还能暂时忘却其他的苦恼。
从那个人的脸上看到你预想中的那抹微笑时，
你会感受到超乎想象的快乐。

有些消费是纯消费，而有些消费则是具有生产性的。
我们要选择的不应该是令人变得更加空虚、更加贪婪的消费生活，
而应该是能让心灵得到满足、心绪得到调节，能带来新机会的消费生活。

最近，你的消费生活属于哪一种呢？

10

自我关爱计划

我的消费日记

记录我买过的东西，也就是在记录我自己。像写日记一样，写一写自己的消费日记和与自己买的那些东西有关的故事吧。例如，对自己很特别的东西，每次看到都会让自己心情愉悦的东西，能让自己变得更好的东西。此外，还有在冲动消费后，让自己感到后悔的东西。总之，一定会有各种各样的物品目录。让我们用自己的标准，在目录上记下星号或是写下评语。通过我的购物清单，就能看出我现在的生活正在朝哪个方向发展。

记忆深刻的消费清单

单品 1 ☆☆☆☆☆

单品 2 ☆☆☆☆☆

单品 3 ☆☆☆☆☆

单品 4 ☆☆☆☆☆

单品 5 ☆☆☆☆☆

单品 6 ☆☆☆☆☆

感觉很棒的消费：

最后悔的消费：

关于消费，我所下的决心：

以小见大

数过花瓣个数的人，
也一定了解世间的道理。

大繁若简，见微知著。

人生不在于长度，而在于宽度

人类最大的固定观念是时间。

我们被困在过去、现在、未来这些时间概念里，
“过去”成为判断的对象，
“现在”成了要负担的包袱，
“未来”是需要解决的课题。

过去留有遗憾，无法改变；
现在则是满足与更大的不满足共存。
不要把未知的未来当成标准，
要按照自己定下的人生主题来主宰自己的命运。

最近我的人生主题是什么？
我喜欢的，我关注的，
需要我解决的重要或不重要的问题是什么？
我与他人，甚至是与我自己的关系如何？
写一本只属于自己的人生主题笔记吧。
不要沉浸在对过去的后悔，对现在的不满意，和对未来的不安当中。

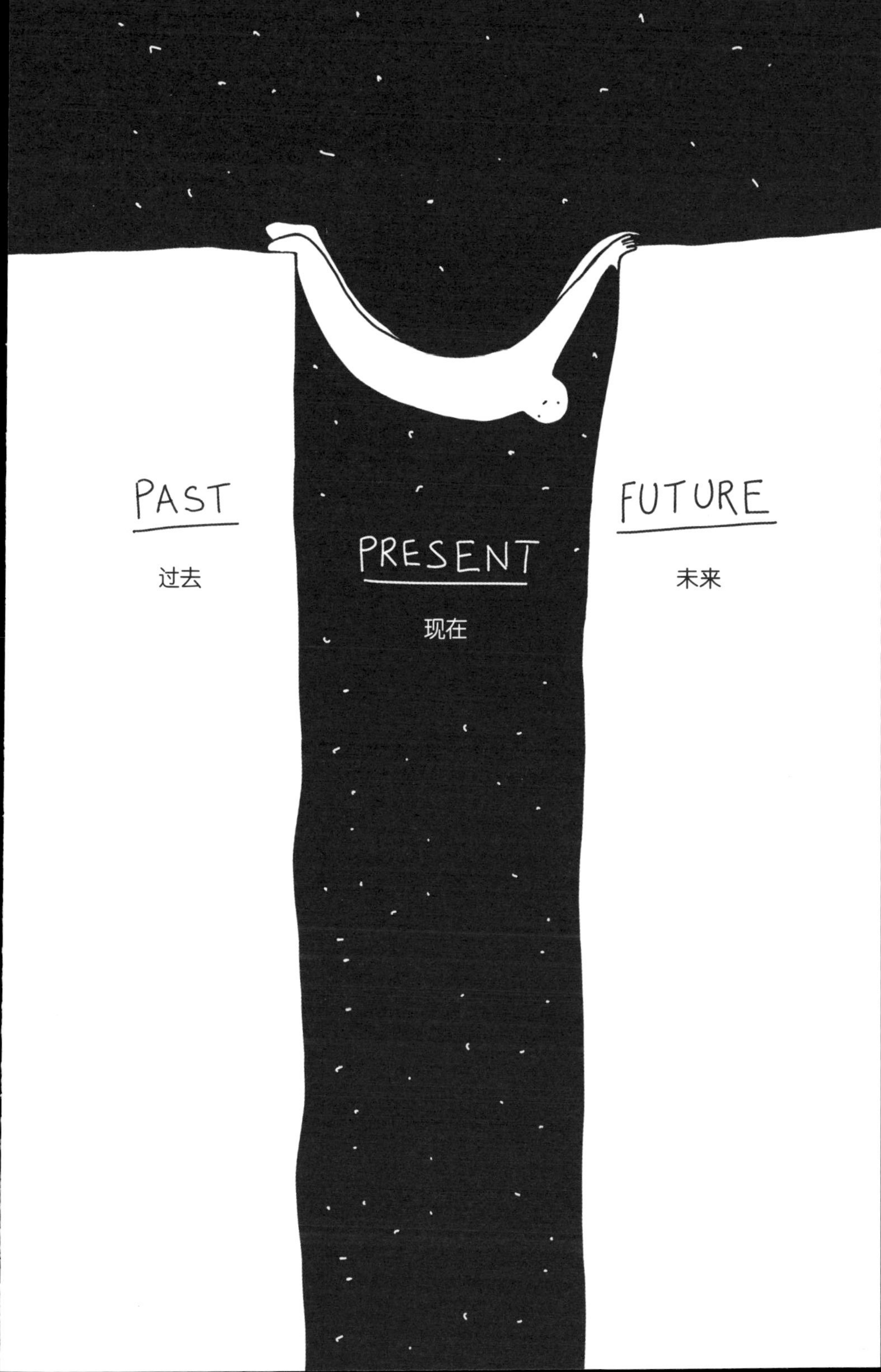
PAST
过去
PRESENT
现在
FUTURE
未来

不要因为自己不属于任何时间而产生无力感。
在一心关注自己大大小小的人生主题的过程中，
灵魂会变得更加自由，缺陷会在某个瞬间被弥补或被遗忘，
好奇心和成就感将会取代恐惧。
就这样，人生变得越来越多姿多彩。

人生的流向不是纵向的，而是横向的。
也就是说，人生并不以时间为标准，而是以“我”为标准。

我既不属于过去，也不属于现在或未来，
我只属于我自己。

我的人生主题笔记

最近我的人生主题是什么？围绕这个问题，写一写自己的人生笔记吧。如果以时间为单位来生活的话，那么就会被昨天、今天、明天、几点、几分牵着走，很容易忘记或遗漏真正重要的事情。但是，如果以自己的人生主题为标准来生活的话，就能获得更加自主的日常生活。这样就更容易判断出哪些东西是重要的，哪些东西是不重要的，哪些东西是不能错过的，哪些东西是可以扔掉的。把工作、人际关系、习惯、爱情、兴趣爱好等自己最近关注的事情，按章节进行主题设定后，再将具体内容、计划、实践方法写出来。这样记录是为了让自己更容易了解自己。所以，让我们以轻松的心态做记录吧。

例：第 1 章　兴趣爱好

小标题 1-1 彩色铅笔人物画

报名最近开始感兴趣的彩色铅笔人物画的在线课程

- 第 1 章

- 第 2 章

- 第 3 章

- 第 4 章

- 第 5 章

生活的主语就是“我”

即使是最聪明的人，一天当中也会有犯傻的瞬间。
而看到了那一瞬间的陌生人，会认为他看到的就是一个傻子。

但也别在意，因为只有自己最了解自己。

不听别人在某个瞬间对自己做的评价，
不根据漏洞百出的评论给自己下定义，
不根据别人的眼光定义自己，
不因为别人的叹息而让自己倒下。

可以在微风中摇曳身姿，
但不因他人的闲言碎语而动摇，
即使动摇了一下，也能迅速找回自我。
自尊心就是这样培养起来的。

但具有讽刺意味的是，
自尊心往往是在自尊受到伤害的情况下培养起来的。
所以别怕受伤害，坚持做好自己就行了。

只有自己最了解自己。

个人词汇簿

我喜欢的食物、经常吃的食物，
会变成我的肉，我的血，我的骨骼、肌肉和皮肤，
这些组成了我的外在。
而我喜欢的单词、经常说的话，
会变成我的精神、心灵、情感，
这些组成了我的内在。

如果对我不了解，想客观地了解我的话，
只要仔细留意我经常用的、听的、看的词语就可以了。

美食店、房价、新品、新书、喜欢、最讨厌、
散步、蜗牛、约会、繁忙、漂亮、我爱你、
担心、以前、现在、可爱、厌倦、
普拉提、减肥、面试、测试、主食、零食、
那个人、我、好吃、不好吃、不知道、没错
……

准备两个词汇簿吧。
就像上面这样，
在一个本子上写下自己最常用的词语，
在另一个本子上写下有关自己理想形象的词语。

第一个词汇簿就是我现在的样子，
第二个词汇簿是我想要变成的样子。
去掉第一个词汇簿中不满意的那些词语，
经常使用第二个词汇簿中的词语吧。

接受“个人色彩*”诊断，
找到让自己更加耀眼的、只属于自己的风格。
用自己使用的单词来判断自己，
就能对看似隐秘的真正的自己有更多的了解，
那是用外在风格无法包装的真我。
这样就能了解对待人生和自己以及他人的态度了。

* 个人色彩
是指个人身体与生俱来的颜色（包括肤色、发色、唇色等）。
可以根据自己的颜色选择合适的妆容、
衣服颜色、发色等，
以突显个人的最佳形象。

这些词语虽然只是一说了之，
但是我却能从肉眼不可见的措辞当中，
发现自己不尽如人意的样子，
进而按照更符合自己心意的样子，
更加具体地一点点塑造自己，
直到成为更加优秀也更加真实的自己。

12

自我关爱计划

我的个人词汇簿

让我们用常用的词语来判断一下自己的性格和形象吧，从中可以发现隐藏在表面风格之下的真实的自身形象。与此同时，还可以发现更有魅力的自我和更为积极的日常生活主题。

词汇簿1	词汇簿2
我最常用的词语	与心中理想的自己有关的词语

1. 在“我最常用的词语”中，喜欢的词语用○来标记，想删除的词语用 X 来标记。

2. 经常使用词汇簿 1 中画圆圈的词语和词汇簿 2 中的词语，可以更加具体地塑造出更好的自己。

幸福由自己决定

没有绝对的幸福，
能让你即使被人敲了一下后脑勺，
也能一直保持笑容。
人活一世，也未必遇得到绝对的幸福。

我们在一个星期内经常会遇到的小确幸，有可能是：
“他看着我笑了。”
“在路上看到了可爱的小狗。”
“发现了一家好喝的咖啡店。”
“跟心有灵犀的朋友聊天。”
“比昨天又进步了一点点。”
此外，还会遇到日常的不幸，例如：
“那个人没回我的信息。”
“某人不友好的态度让我很伤心。”
“在地铁里被推了一下。”
“没有拿到期望中的成绩，或是理想的考核结果。”
“无心之失伤害到了某人，或是受到某人的伤害。”

幸与不幸，每天都会进行好几次“轻量级”对决，
而我还是决定站在幸福这一边。

让我们提高幸福的音量，
露出幸福的微笑吧。
重温幸福的事情，
让我们为幸福再加一把劲儿吧。

就算不是直接打倒不幸，
至少也要争取坚持到决胜局。

还需要记住一点，
在幸福与不幸的单日对决中，
裁判是我自己，
允许主观判决，
而且我是唯一的主场。

找到打造完美时刻的“糖浆”

人生有完美时刻。
例如，对某些人来说，独处的时间 + 一首喜欢的歌 +
一丝丝慵懒 + 下雨的天气 + 闪电，就是完美的时刻。

就像添加一滴糖浆，就能做出完美的味道一样，
这一刻，再加一点什么，会成就完美时刻呢？
能经常创造完美时刻的，
只属于我的那一滴糖浆是什么呢？

收集喜欢的音乐，
就像可以抚平情绪的音乐播放列表一样，
为了完美时刻，
做一份只属于自己的播放列表吧。

人生既有即使不完美也很满足的时刻，
也有完美且非常满足的时刻。
那种时刻，有可能是上天赐予的，
但多数时候要靠自己创造。

非卖品

就像放在搁板上伸手就能够到的
最喜欢的香草糖浆一样，
在心里触手可及的地方，
也放一瓶能创造完美时刻的“糖浆”吧。

只属于我的那一滴糖浆是什么呢？
答案在我的内心深处。

我的完美时刻列表

能够创造完美时刻的，只属于我的糖浆当然越多越好，越容易得到越好。如果事先做好列表，就可以将不够完美的时刻，用更简单的方式，变成完美的时刻。

1. 让美好时刻变得更好的歌曲＿＿＿＿＿＿＿＿

2. 去旅行时一定要带的书＿＿＿＿＿＿＿＿

3. 穿在身上就能高兴的衣服＿＿＿＿＿＿＿＿

4. 每次吃的时候（每次喝的时候）总是能鼓舞心情、抖擞精神的＿＿＿＿＿＿＿＿

5. 名叫＿＿＿＿＿＿的演员主演的电视剧

6.

7.

8.

采访自己

你喜欢什么颜色？（　　　　　　　　　　　　　　　　）
你喜欢什么歌？（　　　　　　　　　　　　　　　　　）
最近迷上了什么？（　　　　　　　　　　　　　　　　）
你和哪个星座的人合得来？（　　　　　　　　　　　　）
你想养什么样的宠物？（　　　　　　　　　　　　　　）
你想养什么样的植物？（　　　　　　　　　　　　　　）
你什么时候最生气？（　　　　　　　　　　　　　　　）
你讨厌什么样的人？（　　　　　　　　　　　　　　　）
你最近想完成的事情有什么？（　　　　　　　　　　　）
你最近有过开心的事情吗？（　　　　　　　　　　　　）
你最近有过伤心或生气的事情吗？（　　　　　　　　　）
如果有时间，你想做什么？（　　　　　　　　　　　　）
你喜欢或尊敬的人是谁？（　　　　　　　　　　　　　）
你喜欢吃辣的吗？（　　　　　　　　　　　　　　　　）
想哭的时候，你会怎么办？（　　　　　　　　　　　　）

相对于故弄玄虚、虚无缥缈的问题，越生活化、具体化的问题越好。可以是许久未对自己说过的，也许是会在年少时对初恋对象提出的问题；或是像个连对方发丝数量都想知道的，初坠爱河的恋人一般，提出琐碎却饶有兴趣的问题。在阅览其他名人访谈之前，先采访一下自己吧。与其渴望得到别人的关心，不如先关心一下自己。升级一下许久未更新的自我知识，尝试把好奇心暂时从繁复忙碌的外部世界转向内心世界。

加班、星期一晨会、项目截止日期、育儿、备考、孩子备考、跳槽、就业、新上映的电影以及关于这部电影的视频、刺激欲望的当季新品……一个曾经放任自己置身于繁务之中，沉浸于人世间各种刺激带来的快感之中，都不曾被自己关心过的我，可以尝试着向自己提出一些虽尘封已久，却能撩动心扉的问题；一些也许十分单纯且微不足道，却能引发思考的问题。在寻找答案的过程中，你会不自觉地莞尔一笑，不禁恍然大悟：是啊，我也曾有过这样的一面啊。

爱会促使你想要进一步了解。但是对自己再熟悉不过的我，却根本不会想去了解自己。为了好好爱自己、珍惜自己，需要加深对自己的了解。苏格拉底曾说过“认识你自己”，在现代也许应该被解释为“爱你自己”。

真正需要我关心的人
并非当红艺人，而是我自己。

世界变得异常忙碌，于是盲目奔跑的情况较为少见，而对于我们来说，恰恰需要一些没有其他目的，只关注自我的纯粹的问题。在回答问题的过程中，你会感到如释重负、思绪翩跹，发现自己的志趣所在，重新找回哼唱小曲儿的愉快心情。

现在，花一点时间去爱自己吧。虽不是初恋，却可以随时爱上这个相识已久的自己。

所以，在累了的时候，偶尔采访一下自己吧。

踩下心灵刹车

心情不好的时候，
暂时不要做出判断和决定。

不然的话，无异于酒后驾驶。

虽然自以为保持了车速，
但可能已经超速了；
虽然自以为及时踩了刹车，
但可能已经晚了几秒；
虽然自以为注视着前方，
但可能没看到加塞的车辆。

可能急于做出决定，
可能误判了时机，
亦可能无法预测事态的发展。

因此，
心情不好的时候，
去独处吧，
直到重新找回平静的自我。

如同放下方向盘等待一样，
让我们找回身心的安宁。

人生中，
有时也需要为自己踩下心灵的刹车。

心情不好的时候，
暂时不要做出判断和决定。

用读书来保护自己

读书是穿越时空的
最简单的自我保护方式。

读书的优点之一是，
你的对手无法从表面上觉察你的变化。

书本的剩余页数越少，
人生的剩余页数就会越多。

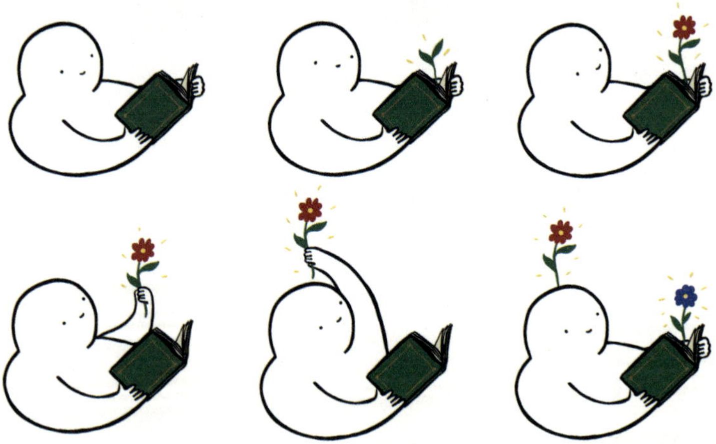

我的读书清单

读书是最简单的自我保护方式。按照各个主题列出自己的读书清单，发现自己喜欢哪种类型的书籍吧。如果愿意，还可以和别人分享一下。我的读书清单可能会给别人带来灵感，我也能从别人的读书清单中，发现我的人生之书。

- 可让我了解当前自己所困惑的、感兴趣的“目前正在读的书籍”

- 可体现我的喜好和期待的“愿望清单里的书籍”

- 虽然不是畅销书，但是“值得推荐的书籍”

- 从书架上拿出来重新阅读的“怀旧书籍”

- 很好地展现我内心世界的“想推荐的书”

- 可能会成为我的另一本人生之书的“被推荐的书”

边治愈，边改变

在用安慰和拥抱、无条件的支持、温暖的话语
帮助自己振作精神、鼓足勇气，身心都得到了充分治愈后，
就该开始严于律己了。

你要用冷静的头脑和坚强的意志，客观地审视自己，
改掉伤害自己和他人的坏习惯，
改变总是中途退缩、懦弱的内心，
改变无精打采、带有些许自嘲的情绪，
改变为自己差强人意的样子辩解和寻找借口的行为。

就像电影中的杀手，
目标意识极强，
颇具计划性，
在恶劣的条件下也能发挥自己的能力。

以击退内心的敌人为目标，
有计划地确保时间不会白白流逝。
在充斥着各种诱惑和内外部质疑的情况下，
让我们发挥自身的能力，
创造出可持续的、积极向上的变化吧。

即便你是爱流泪和心肠慈悲的“杀手”，
在太阳升起时或午夜时分，
也要止住眼泪，
收起只对自己宽容的尺子，
将瞄准镜中的“我的坏形象”作为目标。

拥抱自己的时候，要舍弃心中的敌人。
如同温暖地拥抱自己一样，
我们同样需要了解并击退心中的敌人。

好的治愈，可使你成为一个温暖的人。
好的改变，可使你成为一个全新的人。

两个方法，都可使你成为更好的自己。

我的今日改变重点

1. 近期需要改变的目标是什么？例：想要改掉哪些坏习惯？

2. 为了成功改变，需要有明确的计划，而不是含糊的意愿。

- 改变什么？
- 何时开始？
- 如何进行？

3. 虽然计划明确，但有些什么可预见的问题？

4. 清点一下帮手或自己拥有的“武器”。

5. 制订克服恶劣条件的补充计划。

内心越开阔，烦恼越渺小

你要记住：
你是宇宙中的微小物质，你面临的棘手问题更是如此。

有时，用科学、客观的视角看待问题，
可相对（或绝对）降低我内心中烦恼所占的比重。

当意识到所面临的自身问题
过于严重且异于寻常时，
不妨闭上眼睛仔细想象一下。

此时你可以摆脱狭小而阴暗的内心，
逐渐向上飞起。
向脚下望去可看到我的房间，
我所在的建筑。

再飞高一点。
建筑逐渐变小，车辆也变得像玩具一样小巧，
还可以看到远处像线一样的道路和河流。

再飞高一点吧。

在云端遐思

飞过云彩后，
会看到下面有一块地。
地上有大大小小的问题、工作和任务，
负担与不安，喜悦与欢乐，悲伤与愤怒，
混杂在一起看不出原来的模样。
最终展现在眼前的，
只有湛蓝或雪白的天空。

再飞高一点吧，
可以看到你脚下的蓝色地球，
寂静的黑色宇宙和星星可使你的内心也安静下来。

好，现在再以平静的心情，
慢慢地重新回到现实中，
回到地球、云层、屋顶，
直到回到你所坐的椅子上。

虽然问题依旧存在，
但你会发现自己的内心已经变得比那些问题更大，
观察现实的心态也就变得更加轻松。

心灵沐浴

如同吃饭时间、睡觉时间一样，
心灵的沐浴时间，也是一天中必不可少的。

结束一天忙乱不堪的工作，
抛开他人意图对我肆意评判的目光，
摘下我的头衔或者称号，
拂去不断想起的口误，
洗净脑海中对自己或他人不好的想法，
再用松软的毛巾擦拭掉一个个残留的邪念，
并安慰自己“嗯，今天表现不错”，
成为一个慵懒舒适的我。

在心灵沐浴后，你可以穿上舒适的衣服随心所欲。
可以看朋友推荐的电视剧，
或拿出属于自己的最佳读物，
或在空白的笔记本上随手写下各种想法，
或专注于游戏，
或放空自己静静发呆。
心灵沐浴可以使心灵的肌肤更加水润、健康，

就连长在心上那一碰就疼、令人烦心的“痘痘”也会消失不见，
粗糙的情感也会变得更加顺滑。

在一天快要结束的时候，给自己一段心灵沐浴的时间吧。

无论是身体沐浴，还是心灵沐浴，
时间虽短，
却都是有助于长时间保持心情舒畅、轻松入睡的好方法。

第三步

剪掉枯枝烂叶

摆脱那些讨厌的事物，

才能获得自由

语言的“无所有”

不要以为所有的话语都有耐人寻味的意图，
也不要试图从所有的话语中找寻意义。

即使话语中包含某种意图，
也要把它当成耳旁风。

如同扔掉没用的东西一样，
不去在意别人说的废话，
会使你的心灵和生活像整理好的房间一样干净整洁。
只用那些真正有意义的东西去填满内心。

如同万物“无所有”，
语言同样需要“无所有”。

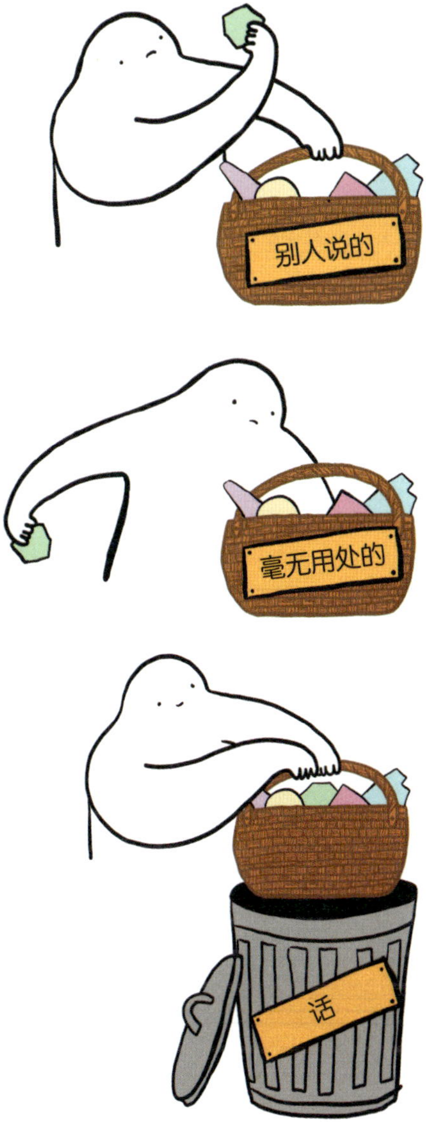
别人说的
毫无用处的
话

过滤掉讨厌听到的话

我们自认为自己看待别人的眼光，
比任何人都更加理性和客观。
但有时也会很感性地对待别人，
对别人说过的话尤其敏感。

那些缺乏关爱的话，
那些欠考虑的话，
那些惹人烦的话，
虽然没有什么恶意，
却让你很是懊恼。

有可能是因为你讨厌说话的人，
而非那句话本身的含义；
也可能是因为你那天就是心情不好。

总之，
越是讨厌的人说的话，
越是触动我神经的话，
就越应该学会左耳进，右耳出。

吸气、呼气，吸气、呼气

因为那些不受你耳朵欢迎的话，
是蒙上了烦躁色彩的话，
是有可能在心中引起化学反应的话。
虽然不能捂住耳朵不听，
但是可以用呼出的气，把那些话吹得远远的。

如果能够客观地审视自己的内心，
就可以不那么主观地对待别人说的话。
即使是令人生厌的话，
也不必长时间放在心上。

当我们不再因为别人说的话而受影响时，
我们也会变得更加温柔、平和且坚强。

心灵时差

独自一人时，突然流下眼泪。
在回家的公交车上，开始莫名地悲伤。
原本还很愉快，可就在转身时感到
心里的某个角落在一阵阵地刺痛。

当你偶然出现上述情况时，先不要慌张。
因为心灵创伤与身体创伤的区别在于，
伤口与痛感之间是存在时差的。

在受到伤害的那一瞬间，你可能不会马上意识到。
而在片刻之后或是在几小时以后，
在你一个人独处时，
在寂静的空间里，
痛感会慢慢袭来，
你才发现自己受了伤。

这样反而更好，
可以不动声色地静静疗伤，
也不需要他人流于表面的安慰。

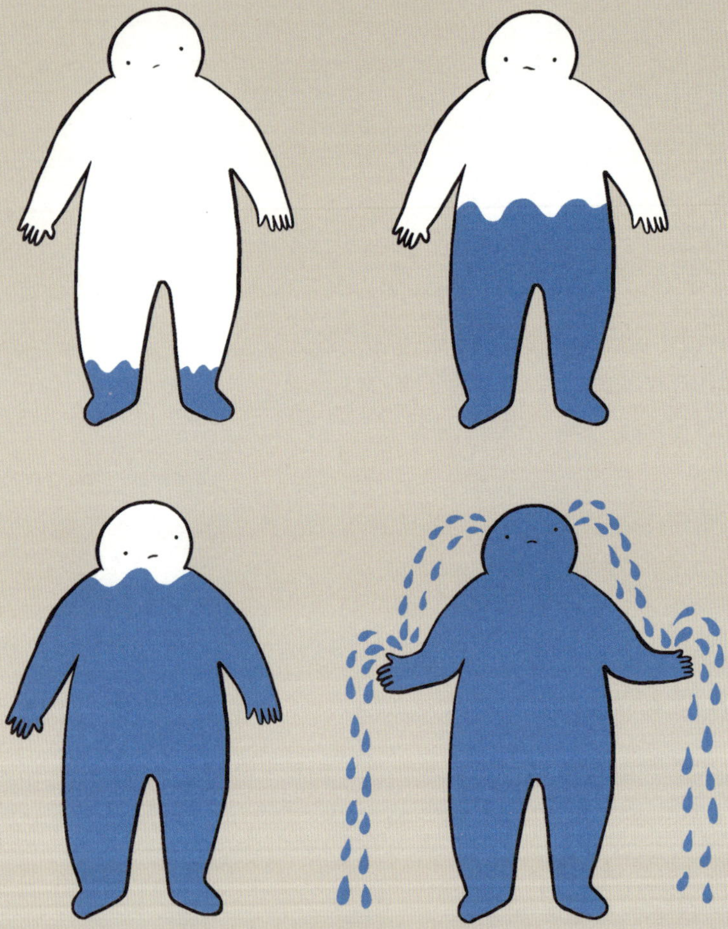

心灵创伤与身体创伤的区别在于，

伤口与痛感之间是存在时差的。

是应该涂药水，还是药膏；
是需要创可贴，还是放任不管；
是哪种伤，有哪些治愈方法。
有条不紊地想清楚这些问题，
因为治疗始于你的这些想法。

所以不要因为姗姗来迟的伤痛
而感到惊讶或抑郁。

因为在了解伤势的同时，
你也获得了更加深入了解自己的机会。

“你太敏感了”

不要对别人说“你怎么这么敏感”。
因为伤害对方的人是你，而对方是受害者。
说对方敏感，就等于你否认了自己伤害对方的事实，
这是将责任归咎于对方的卑劣行为。

世界上没有不敏感的人，
只有“对别人的创伤”不敏感的人罢了。

因为是别人的创伤，因为不想承担责任也不想道歉，
或是因为不愿承认自己的错误，
又或者不想把自己的精力和时间花在理解他人的情感上。
不管是出于什么原因，
只要跟对方说“你怎么这么敏感”，
就能把对准自己的矛头，
轻松地转到别人身上。

那么要求他人不要敏感的人，
果真对自己的创伤也能做到不敏感吗？
并非如此。
越是那样的人，对自己所受到的伤害越敏感。

如果今天你对某人说了句
“你是不是太敏感了”，
那么，请你反思一下你所做的那些令人敏感的事吧。

也许并不是他太敏感，
而是你太刻薄了。

享受强颜欢笑时的孤独

与不相熟的兴趣班学员间久违的会餐；
与不想有任何私交的同事之间的聚餐；
虽然彼此并不是很合得来，但孩子年龄相仿的家长之间的聚会；
身份和头衔相似的人共同出席的正式场合……
在这些场景中聚在一起的人，
除了对“时间过得真慢”这一点有共鸣外，
没有任何共同点。

在这一场场喧闹的聚会上，有多少颗寥落的心？

强颜欢笑去做的事情中总是会包含着孤独，
只能将内心隐藏起来，因为只有自己知道自己内心的孤独。

但是值得我们欣慰的是，
还有很多人也懂得那一瞬间的孤独。
那份孤独，是我们长大成人后必须要承受，且能够承受的，
也是包含着责任感的孤独。
在忍受孤独的过程中，我们可以游刃有余地应付各种关系，
在各种关系中，体验另一种绚丽多彩的人生；
还可以在并没有任何期待的相聚中，
发现和自己合得来的人。

在热闹的聚会结束后，
在独处的时间里，
舒舒服服地窝在有些起皮的旧沙发上，
看着期待已久的电视剧，
享受孤独而又温馨的时光。
因为是自己选的，所以并不会感到孤独，
反而更像是对自己的一种补偿，足以令自己寂静欢喜。

不笑的自由

不必为综艺节目中的假笑而跟着傻笑，
不必为盲从他人而违心地笑，
不必为上司的冷笑话而一味赔笑，
不必为掩饰失败而死撑面子地强颜欢笑，
不必为故作坚强而捂着伤口放声大笑，
不必为维系关系而压着怒火硬挤笑容。

为了不在笑过之后，更加空虚、更加痛苦、更加落寞，
请允许自己有不笑的自由。

不仅如此，
我们甚至可以在一年当中选出几个不笑的日子。
在那些天，
让我们审视自己的内心，不再强颜欢笑。

对于冷笑话，有时也可尝试面无表情，
不随波逐流地假笑。
尊重自己，允许自己的心情不同于大多数人。
受到伤害或遭受失败后，
允许自己闷闷不乐，给自己抚慰心灵的时间。

这样，
你就能在想笑的时候，笑得更大声，
露出最真实的笑容。

同时，还要允许他人有不笑的自由，
即使别人面无表情，也能坦然地一笑而过。

偶尔允许自己，也允许他人拥有这份自由吧。

给予足够的时间去忘记

不把讨厌的人的联系方式从电话簿中删除，
是为了不接对方可能打来的电话。

如果有难以磨灭的糟糕记忆或是心伤，没必要一直纠缠不放。
就像可以随时删掉，却一直保留的某人的联系方式，
存储在脑海里，保留在内心深处，
只是为了能在现实中避免重蹈覆辙。

就像这样，不强迫自己忘记。
如果能给予自己足够的时间去忘记，
那么即使有一天突然碰到了某个开关，与那段记忆不期而遇，
内心也不会掀起波澜，
自己能够心如止水。

对于想要忘记却难以忘记的人或事，
要给予自己足够的时间去忘记，
不要因无法忘记而焦躁不安。

就像你早已忘记曾经丢过的硬盘那样，
那段记忆也将在某个瞬间消失得无影无踪。

对于想要忘记却难以忘记的人或事，

要给予自己足够的时间去忘记。

因人际关系而感到痛苦时

因人际关系而感到痛苦时，要知道的第一个真相：
折磨你的人
真的不会在乎你的痛苦。

因人际关系而感到痛苦时，要知道的第二个真相：
比起折磨你的人，
支持你的人更多。

因人际关系而感到痛苦时，要知道的第三个真相：
我们经常会想起讨厌的人，
如同经常想起喜欢的人一样。

因人际关系而感到痛苦时，要知道的第四个真相：
我们的记忆力没有想象中的那么好。
令你倍感痛苦的这一刻，也许很快就会被你抛诸脑后。
所以没有必要在美食面前提不起兴趣，
也没有必要在看电影时无法集中注意力，
更没有必要搭上做重要事情的时间，把宝贵时光都浪费掉。

结论是：
当你因人际关系而备受折磨时，你可以让自己的痛点高一点。

被窝里的毒舌

能让人在听到的那一瞬间就血压飙升的一句话；
既能先发制人，又能控制局面的一句话；
能把人说得哑口无言的一句话；
能把人气哭的尖酸刻薄的一句话……

为什么事后才会想起这些话来？

在跟人争吵时，我们经常会错过给人“致命一击”的关键时刻，
总是在转过身之后，或者是临睡前在被窝里，
才会像事后诸葛般变成“毒舌之王”。

没关系，
虽然你可能会为当时没能及时反唇相讥而后悔不已，
可当时如果真的说了出去，或许你还是会感到后悔。
与其说出让对方和自己都受到伤害的话，
倒不如让那些话静静地停留在心灵的停车场里。

这样一来，
尽管你没能成为斗士，
却保留了更多的体面。

16

自我关爱计划

写下毒舌日记

作家阿兰·德波顿在接受采访时表示，自己第一次开始写作是从记录坏心情开始的。说出那些刻薄的话，可以激发自己的创造力。在下面的空白处用铅笔写下一篇能让自己感到畅快的毒舌日记吧。在用橡皮擦掉它的同时，也把它从心中抹去。

我的毒舌日记

不回答问题的权利

人与人之间的距离是分阶段的。
根据所处阶段的不同，可以提问的深度也有所不同。

1. 提问的安全阶段（询问天气）
见面打个招呼的关系。提问内容可以是天气或没有分歧的社会热点话题。
比如：天气真不错，对吧？今天的雾霾还挺严重的吧？

2. 简单询问兴趣爱好的阶段（询问追了什么剧）
这是开始建立关系的阶段。可以问一些生活的零碎情况或是兴趣爱好之类较为轻松的问题。
比如：最近在看哪些剧呀？周末都做些什么呢？喜欢吃什么呀？

3. 询问隐私阶段（询问亲属是做什么工作的）
这是从某种程度上，对个人的身份和喜好提出更深层次问题的阶段。即使是寻常的问题，对于不同的人来说，也可能会成为敏感问题，会给人造成不便。因此在这一阶段，需要懂得关照他人。
比如：还没有结婚计划吗？有要孩子的打算吗？工作找得顺利吗？

4. 询问深层次情感问题阶段（询问刚才为什么生气）

这是可以彼此交换私人信息的阶段。包括当前的状态，甚至是一些想要隐藏的情感问题都可以进行交流。因为已经对彼此有了深入了解，所以这个阶段彼此间的关系已经变得十分亲密了。但关系再亲密，彼此也都有不为人知的另一面，因此需要一如既往地体谅和关照对方。提出的问题越私密、越深入，越有可能在不经意间给他人造成伤害。

比如：你为什么生气？难题解决了吗？你们之间的关系最近怎么样了？

由于关系远近各有不同，所以就有不同阶段可以提问的问题。因此，一旦突然被问到越线的问题，我们就会感到不舒服。

比如：彼此之间的关系还处于第一阶段，却被问及“还没有结婚计划吗？”这种第三阶段才可以发问的问题时，我们会瞬间感到被陌生人侵犯了隐私。那些越线的问题，会让人感到发问者非常没有礼貌；会让人产生一种被陌生人窥探的感觉；会让人觉得私人空间遭到了陌生人的侵犯；会让人以为有人想仅凭几个问题，就给“我”下定义；甚至会让人觉得对方没有付出任何努力，便急着与自己建立亲密关系。

同一个问题，在不合时宜的关系中出现，就会成为一种冒犯和对他人缺乏关怀的表现。另外，关系越亲近，越不可以毫无顾忌地随意提问，而是要在提问时以关心和理解为前提。

被提问的人在毫无防备的情况下，要面对那些突如其来的问题，即使不做任何回答，也会因为问题本身而受到或大或小的伤害（例如，逢年过节时被没眼力见的亲戚问到的那些问题）。

因此，设身处地地提问是发问者应尽的义务。不要试图通过越线的、没有礼貌的问题，达到快速了解一个人的目的。要以共同度过的时光和共同经历的事情为基础，慢慢去了解一个人。

建立真正的关系需要的是时间而不是问题。不要询问对方不愿意回答的问题，而要谈论一些彼此愿意分享的话题。

每个人都有不回答问题的权利。

床上的和平主义者

与自己斗争是很难的事情，
与他人斗争也并没有那么简单。

星期日的下午，是适合放下与自我或与他人之间的恩怨，
躺在床上成为和平主义者的最佳时刻。

到了午睡时间就去休息吧

越是艰难的日子

越是艰难的日子，越要趴在花丛中。

记得不管什么时候都要善待自己。

给他人一个机会

爱我，
不爱我。
爱我，
不爱我。
爱我，
不爱我。

是好人，
不是好人。
是好人，
不是好人。
是好人，
不是……

自己曾对某人做出的判断，
经常会随着情况的改变和事情的转折而不断出现反转。

所以不要气急败坏地犯下常见的错误，
不要向第三个人说别人的坏话，
也不要当场宣布与某人划清界限，
更不要直言不讳地说“你不像个好人”。

你应该保留对那个人的定义，
试着宽以待人，
等待更加了解那个人的机会。

一旦发现自己的判断出现了错误，
只要不动声色地在内心的黑板上涂改掉错误的地方就可以了。

即使他不是一个真正的好人，
明天再去讨厌他也不晚。

不给他人归类

“你的气色看起来很不错嘛！”（其实我的内心正备受煎熬）
“你们看起来好亲密啊！”（其实我们正处在冷战中）
“好羡慕你单身啊！”（其实我正倍感孤独）
“你的运气可真好啊！”（其实我一直都在孤军奋战）

这些都是不明所以的人随口说出的话。
总有一些人会在不知对方焦灼心情，也不知对方艰难处境，
更不知对方真实想法的情况下，就发表这样轻飘飘的言论。
但这些话却能伤害到我的感情。

其实那只是些不合时宜的话，
是没有深层了解和共鸣，仅凭大致的印象就脱口而出的无心之语，
应对这些话的最好方法就是对其置之不理，当作耳旁风。

而我们也应该避免仅凭对某人的粗浅印象就对其进行片面的评价，
也要避免随意对人评头论足、说三道四。
不要说：
这人，看起来这样；那人，看起来那样；
他是这样的人；他是那样的人；
是啊，他的性格就是这样；不对，他的性格是那样的……

避免仅凭对某人的粗浅印象
就对其进行片面的评价。

既然这个世界上不存在一模一样的两个人，
就要承认，无论是自己还是他人，
都是不能轻易被分类或被定义的人，
而每个人也都是世界上独一无二的、复杂又奇妙的存在。

因为我对某人的感觉并没有固定答案，
所以我对某人做出的判断，
大概率会出现巨大的误差。

即使再喜欢整理收纳，
也不要轻易对他人进行归类。
不要给别人下定义或进行评判，
要知道任何人都有无限的可能性，
在不为人知的某个瞬间，
会展现出不为人知的不同侧面。

不是只有电影才有开放式结尾，每个人都有开放式的惊喜结局。

爱上当下的自己

希望你可以成为不炫耀过往、
活在当下的人。

努力地活在当下

你所厌恶的人也有优点

虽然提起你厌恶的那个人，你一定很不开心，
但是沉静下来，从客观的角度去思考的话，可以：

1. 拓宽你对人世百态的认知。
2. 让你获得全新的情感体验。（尽管那是消极的情感。）
3. 激发属于自己的艺术灵感。（有很多小说的创作都基于坏的经历，比如《弗兰肯斯坦》的创作得益于火山爆发。）
4. 促使你更深入地了解自己，并给予你进行自我反思的机会。（可以了解自己对外部刺激的耐受力有多大，自己是否也有类似的一面。）
5. 促使你在遇到同类型的人时，可以不慌不忙地沉着应对。
6. 促使你更加珍惜与对方相反的人。
7. 当你发现那个讨厌的人，其实也是个不错的人时，可以体验到反转带来的乐趣。
8. 可以领悟到人类其实是忘性比较大的一种动物。（现在令你厌恶的人，终有一天会被你遗忘得连名字都想不起来。）
9. 具有讽刺意味的是，那些令你生厌的人会让你对世界抱有积极的态度。（从讨厌的人身上不是已经找到了这么多优点吗？）

那不是你的错

假如你是药店的药剂师或是便利店的兼职人员，5分钟前光顾的那位客人对你非常亲切、有礼貌，而下一位客人却对你做出了不礼貌的行为，那么，现在的你和5分钟之前的你有什么不同吗？你还是那个你，只是你遇到的人的性格和态度不同而已。问题在那些人身上。

如果某人因为经历了莫名其妙的荒唐事，而将火撒在了你的身上，那么你大可不必为了这件琐事而浪费自己的感情、时间和能量去找自身原因，更不必因此而无法集中精力去做其他更重要的事情。你要知道，那个伤害了你却擦肩而过的人，与药店和便利店里无数个客人没有什么两样。人生在世，既能遇到这样的好人，也能遇到那样的无礼之人；有些人可能从此老死不相往来，有些人可能只是泛泛之交。对你来说奇怪的人，对所有人来说大概率也会是个奇怪的人。

所以请记住，今天令你感到不愉快的那个人，就像擦肩而过的无数人一样，过后可能就遗忘了。既然那个人像客人一样出现过，那就像送走客人那样，把他从你心里请出去就可以啦。

送走注定会遗忘的过客，集中精力成为更好的自己，那么很有可能会与下一个不错的人结下善缘。

另外，还要记住，当自己走进他人的药店或便利店时，也要努力成为不错的客人。
芸芸众生，不过是彼此的过客而已。

我又不是超市里的塑料袋

我不可能让所有人都满意，我又不是超市里的塑料袋。
我不可能喜欢所有人，那个人又不是刚烤好的面包。

没有必要努力成为适合所有人的多用途塑料袋，
也不强求不合拍的人迁就我。

不要因为不喜欢自己的人而灰心丧气，
不要因为自己不喜欢的人而浑身带刺。
不要浪费感情，挥霍时间，消耗自己。

不要苦思冥想最能伤害他人的话，
不要故意绕道而行，
不要在社交媒体上发布没头没脑的文章，
不要面对美食却提不起精神，
也不要在夜里辗转反侧。

不客气

你是安全的

不要把精力倾注在早晚会断绝的关系上。
时间才是解药，把一切都交给时间吧。

我自己，
懂我的人，
我喜欢的人，
对我很重要的事情，
体能和心力是用在这些地方的。

人与人的关系在于选择与专注。
有的人把我视作新买来的包，
而不是可以丢弃在路上的塑料袋；
有的人就像刚烤好的、散发香气的面包那样，
让人一想起来就会感到心情愉悦。
把注意力放在那些合拍又互相珍惜的人身上，
彼此间的关系自然会变得越来越融洽。

关系不是数字，而是深度。

第四步

遇见蝴蝶、蜜蜂和星星

良好的人际关系，
会令我的世界更加广阔

蝴蝶的偏好

凤蝶喜欢红色的花，
白蝶喜欢白色的花。
凤蝶喜欢丁香花、花椒树花、松花、蓟花，
白蝶喜欢油菜花、白菜花、萝卜花、蒲公英花。

就像蝴蝶有适合它的鲜花颜色和香气一样，
每个人都有适合自己的颜色和香气。

即使不煞费苦心也能相互吸引，
即使不用洪荒之力也能相濡以沫，
自然而然地就会觉得这个人很不错，
有时会觉得和他在一起远比独自一人时要舒服、快乐。
照着蝴蝶挥舞的翅膀作画，可以画出漂亮的抽象画。
虽然发现属于我的人，需要经历艰辛的过程，
但是却可以成就美丽的人生。

就像优雅地挥动着翅膀在草地上飞舞的蝴蝶，
终将发现栖身之所和食物那样，
漫步在都市的人山人海中，
终会找到能带给我舒适的休憩之所，

遇见能给我前进动力的，
符合我审美的、如花蜜般的那个人。

就像蝴蝶有适合它的鲜花颜色和香气一样，
每个人都有适合自己的颜色和香气。

如同海上红日般的人

当你身处某个职位时，一些人会像潮水般涌向你；
而当你从那个位置离开时，他们又会像潮水一般退去。
好在你身边还有一些始终如太阳般的人，
所以你这片大海的日出和日落依然浪漫而又美丽。

友情是天然食材

值得祝贺的事情，不需要添加名叫时机的调味料。
需要共情的事情，不需要加上名叫安心的添加剂。
令人悲伤的事情，不需要掺入名叫鳄鱼泪的香料。
至于思念，只需添加更加浓郁的思念。
这就是真正的朋友为我准备的，令我身心健康的情感配方。

像家里的饭菜那样令人满足，
像刚从地里摘下的水果那样新鲜，
像黑巧克力那样醇香丝滑。

真正的友情就像是天然食材，
有益于我们的身心。

无论是给予，
还是接受。

真正的友情就像是天然食材，
有益于我们的身心。

诉说与倾听

平衡诉说与倾听的关系，
就是在平衡人际关系。

不会倾听、只会诉说的人，
会使关系变得过于沉重和肤浅。

化解悲伤的方式

每个人化解悲伤的方式各不相同。
有的人会向别人倾诉悲伤的事情和缘由；
有的人则不会把悲伤流露出来，
而是用自己的方式独自排解。
这就让这两类人之间产生了误会。

善于倾诉悲伤的人，会跟不同于自己的人产生距离，
还会因彼此关系的疏远而感到若有所失。
而独自排解悲伤的人，会将他人的情感视作一种负担。

其实，只是每个人排解悲伤的方式各有不同罢了，
只要能就这一点达成共识，
就会知道彼此间的关系并没有疏远，
也不需要把它看得太过沉重。

这样就能重新亲近起来，相处也会变得更加轻松。

既然每个人的泪点和笑点各不相同，
排解悲伤的方式就会有所不同。

褪去保护色

今天，城市里的人们依然用各种各样的保护色隐藏自己。

为了不让自己看起来像个无聊的人，有人会把面无表情当作保护色；
为了不让自己看起来像个好欺负的人，有人会把冷言冷语当作保护色；
为了不让自己看起来像个轻佻的人，有人会把生硬的态度当作保护色；
为了不让自己看起来像个软弱的人，有人会把浓妆当作保护色；
为了不让自己看起来像个渴望爱情的人，有人会把冷漠当作保护色。
……

久而久之，连自己都会忘记隐藏在保护色下面的自己最真实的样子。

忘了自己并不是无聊的人，而是一个爱笑的人；
忘了自己并不是好欺负的人，而是一个开朗的人；
忘了自己并不是轻佻的人，而是一个好相处的人；
忘了自己并不是软弱的人，而是一个心思细腻的人；
忘了自己并不是渴望爱情的人，而是一个可爱的人。

如果鼓起勇气褪去保护色，展示出自己的本色，
尽管有些人依旧会误会你，
但真心待你的人很快就会认出你最真实的样子。
于是，他们也会褪去自己的保护色，展现出真实的自己，
真正的交集也就是从这一刻形成的。

虽然城市里满是混凝土的灰色，
但你也不必跟着变成灰色。

无须把自己隐藏在保护色里，
因为我足够美丽。

警惕恶意剪辑

恶意剪辑并不只存在于综艺节目当中。

我观察某人的眼光，
某人观察我的眼光，
都会存在恶意剪辑。

把自己心里面的角色套在别人的身上；
剪掉他人的好意，只突出不好的失误；
对他人真心的或无意的举动，只会打上“怀疑”二字；
朝着对自己有利的方向判定他人的言行；
把一时的失误视作那个人的全部。
像这样的剪辑手法多到不计其数。

节目中的恶意剪辑，
或许还有点趣味性；
而心中的恶意剪辑，
只会徒生误会。
节目中的恶意剪辑，
会让观众入戏；
而心中的恶意剪辑，
则会妨碍人际关系。

审视自己是否无意中成了邪恶的编辑，
正在对他人的言语、行为和内心进行恶意剪辑。

人际关系中最大的敌人，
不一定是那些琐碎的事件、对方错误的言论或行为，
而可能是观察或改编它们的编辑——我们自己的眼睛。

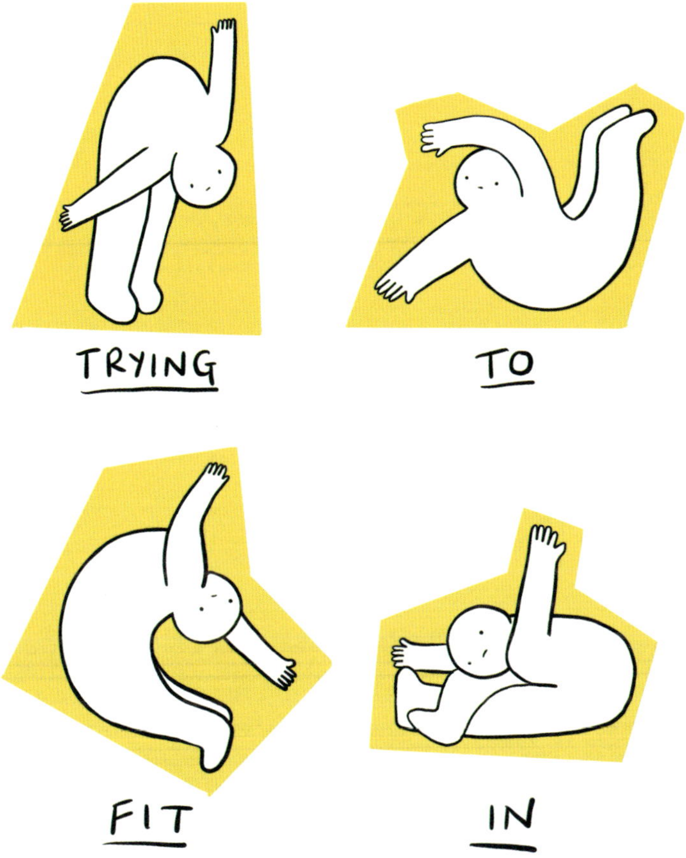

努力融入

用传统方式维系友情 1

经常更换微信头像的人是喜欢受到关注的人，
是喜欢下决心的人。

经常使用表情包的人是想隐藏情感的人，
是和蔼可亲的人。

不马上回复信息的人是对我漠不关心的人，
是非常忙碌的人。

经常写错别字的人是不懂得体恤别人的人，
是粗心的人。

每一瞬间，我们都在煞费苦心地评判或是解读别人。
因为对方的回应，
时而欢喜，时而难过。
独自伤心，又独自排解。
社交媒体玩得越多，就越容易感到疲惫。

从这些消耗性的、毫无意义的事情中解脱出来的方法就是：
不去过分在意网络那一端的人所做出的回应，
或是与那人在线下进行面对面的交流。

在微信上吵过一架后，你还是立即去见那个人吧。
这样，你们在 5 分钟内就能和好。

传统的沟通方式可以使人际关系变得简单，
而数字化方式则会使关系变得愈发复杂。

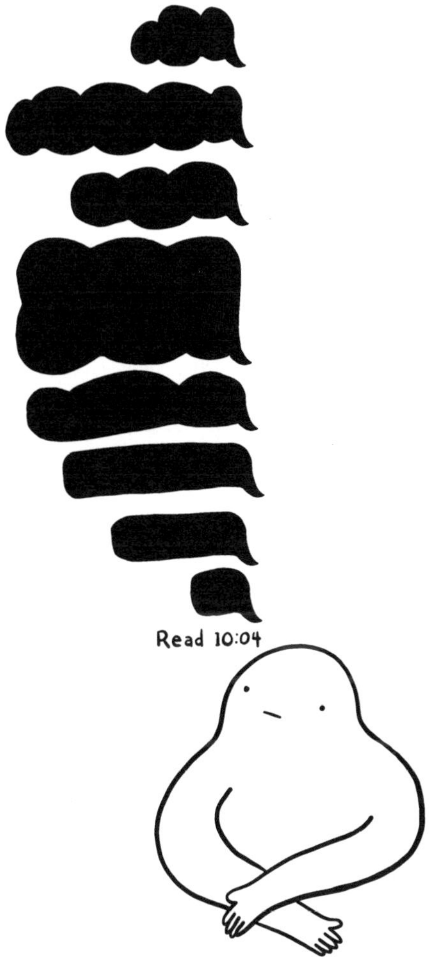

用传统方式维系友情 2

微信上连续几天未消失的“1”，
对方看完信息却没有任何回复，
不断减少或增加的关注数，
不喜欢的人请求添加好友，
莫名其妙地被朋友拉黑，
因为词不达意而产生的误解……

这些是在十几年前不曾烦扰我们的事情。

随着通信技术的发展，处理人际关系的手段却变得复杂起来。
很多时候，我们还要把精力耗费在那些并不了解的，
也从未曾真正交过心的人身上。

所以，
离开线上那些连真名都不知道却令你费神的人，
在线下，与那些绝对不会搞混名字的熟人，
敞开心扉，互诉衷肠吧。

看着对方的眼睛，
听着对方的声音，
发现对方换了的发型，

一边愉快地品尝着各自点的爱吃菜肴，
一边天马行空地聊天吧。
时而认真，时而无厘头，
分享无法用指尖传递的种种。

技术会给人们带来便利，也会给人们带来不便。
能够让人的内心平静下来，
能带给人温暖的，还得是真实的人。
真正亲近的人是离我的身体也很近的人，
是在我需要的时候，能够经常陪伴在我左右的人，
而不是经常点赞的人，
更不是经常发表情包的人。

我们要的不是通过指尖传递的“哈哈哈”，
而是一起放声大笑时的真实笑容；
我们要的不是信息里的“呜呜呜”，
而是在落泪时急忙递过来的纸巾；
我们要的不是“抱一抱”这种表情包，
而是带着体温轻抚后背的温暖双手。

我们要的不是通过电波传来的信息，
而是坐着地铁赶过来的实实在在的人。

伤害你的人，也是给你带来慰藉的人

人类创作的文章，
人类吟唱的歌谣，
人类栽培的植物，
人类烹煮的热饭，
人类制造的松软沙发，
适合坐在沙发上观赏的、有趣的人出演的电影，
还有最亲近的人递过来的丝绸围巾，
像火锅一样温热的话语和抚慰。

虽然带来伤痛的是人，
但是能治愈那伤痛的也是人。

在无足轻重的某人带给你失望，
让你变得对其他人无端猜忌、不信任和戒备之前，
请在人类所创造的事物中，多享受一下自己喜欢的东西吧，
接受真心待我们的人所给予的毫无保留的安慰和关爱吧。

那么，我会再次成为曾经那个对初次见面的人，
也能报以真心微笑的我。

人，还有人类创造的事物中，
留有可温暖冰冷内心的体温，
正如歪歪扭扭的手工制品一样。

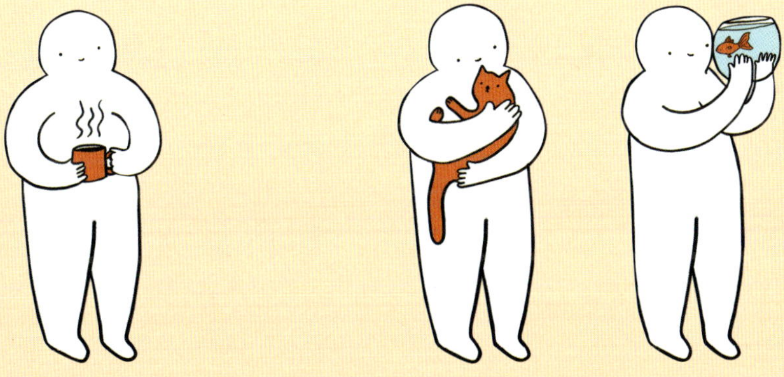

疼痛的好处

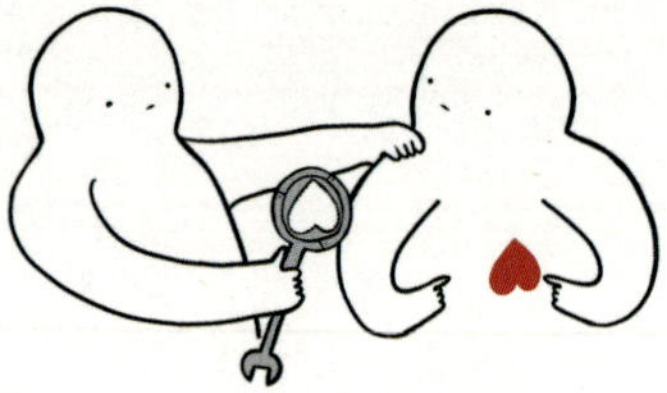

我们都是普通人，
会有敏感的时候，
会有想发火的时候，
会有误会别人的时候，
会有想尽情放纵的时候。

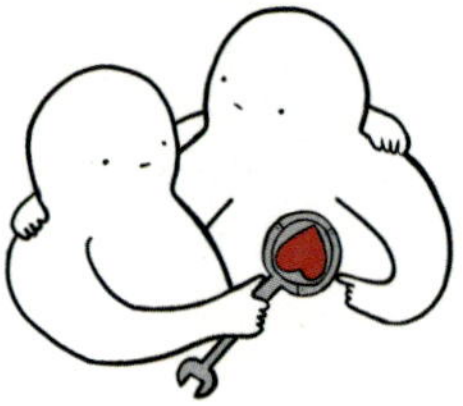

了解我的人，
会认为我只是今天有点敏感；
不了解我的人，
会认为我原本就是个敏感的人。

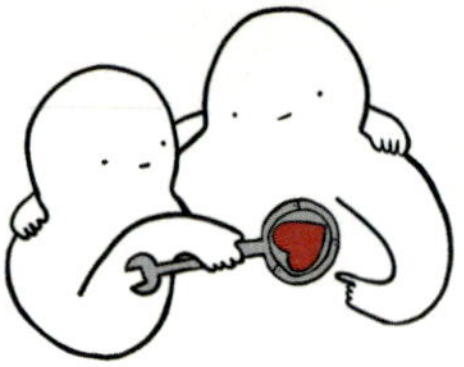

体谅我的人，
可能会奇怪我为什么生气；
讨厌我的人，
则会断定我原本就是那样的人。

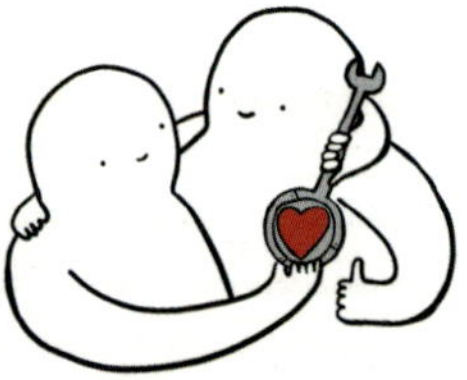

爱惜我的人，
会努力消除误会；
无视我的人，
则会借机远离我。

爱我的人，
会低下头去捡起我残破的碎片；
不爱我的人，
则会毫不在意地踩着那些碎片走开。

但是用不了多久，
我会因为那些
了解我、
在意我的心情、
与我同喜同悲的人，
重新做回自己。

所以不必太过在意其他人。

心力交瘁或是心如刀绞的“好处”在于，
能够在错综复杂的人际关系中，
去伪存真。
能够识别出
那些如宝石一般的人——
那些在我破碎时，
对我说“宝石即使碎掉了，也依旧是宝石”的人。

人生的宽度

虽然知道用三叶草编织花冠毫无意义，
但是孩子喜欢；
虽然在家门口散步毫无乐趣，
但是饲养的宠物喜欢；
虽然我对料理不太感兴趣，
但是爱人能开心地吃下我做的便当。

那么我就会去做那件事情，
并将其视作宇宙中最重要的事情。

那些毫无意义、毫无乐趣、毫无兴趣的事情，
会成为最令我感到愉快的事情。

我的那个小小的世界，
会因为那个珍贵的人而得以延展。

我们用时间丈量着人生的长度，
也会因为某人而拓宽了人生的宽度。

人生的长度与寿命有关，人生的宽度与幸福有关。

有些日子好过其他日子

重要的是和谁在一起

人生的幸福并不取决于能否爬上更高的台阶，
而在于眼下和谁一起坐在这个台阶之上。

幸福，
并不在爬上去后才能看到寺院的，
陡峭程度超过 70 度的吴哥窟台阶* 上，
而是在能和重要的人坐在一起吃冰激凌的，
罗马那宽阔的西班牙台阶* 上。

* 吴哥窟台阶
位于柬埔寨的吴哥窟，
又名“天堂阶梯”。因其狭窄陡峭而
被称为世界上最危险的阶梯。

* 西班牙台阶
位于意大利首都罗马的西班牙广场，
电影《罗马假日》中奥黛丽 · 赫本
曾在此吃过冰激凌。

EXCELLENT CONVERSATION
真是一场美妙的对话

保持心灵的安全距离

举例来说，
即使他并没有像你那样，
把自己的烦恼、失误、秘密、自卑展现在对方的面前，
即使他给予你的赞同、安慰、共鸣或答案没有达到你的预期，
你也不要对他感到失望或太过在意。

也许你和他的关系并没有你想象的那么深厚，
也许他是个不善言辞的人，
也许他正在经历难过的事情，
也许你的心意没有很好地传达给对方，
也许只是因为他有些力不从心。

以上也仅仅只是猜测，但可以明确的一点是，他并不是你。

别人不会按照你的想法、你的标准、你的心情，
或是你的期待去行动。
这都是理所当然的事情。

所以人与人之间需要安全距离。
那并不是为了疏远对方，而是为了在自己感情用事时，
控制不住自己的情绪时，不让彼此受到伤害。
安全距离，是可以包容、理解、认可对方的一段距离。

不会因对方出乎意料的言行，就与其断绝关系，而给予对方包容；不会想这人为什么这样，而是体谅对方自有其理由，给予理解；不会指责对方的不足，而是承认自己期待值过高，承认彼此间的标准的确不相同。

只有这样保持安全距离，我们才能在错综复杂的人生道路上安全行驶，才能在与不同的人相遇、离别、擦肩而过时，避免发生情感上的大型事故。
也只有这样，才能获得与心心相印的人一起在公园愉快聊天的乐趣，才能获得奔向下一个目的地的能量，才能建立并体验到更久远、更温暖的关系。

除此以外，最应该铭记的是，如同开车时不仅要注意别人，也要集中精力走自己的路一样，当你把注意力转向自己而不是别人，更多地关注自己的工作和眼前的道路时，那些因人际关系而产生的大部分苦恼，也都会随之烟消云散。

处理人际关系的解药，在于自己。

说出去的话

我们常常期待听到比自己说出去的话更温暖、更体贴、更真心的回复。
每个人的内心都是如此。
但是有些回复注定不尽如人意。

所以，你不必为此感到焦虑或太过介意。

因为，
美好的话语已经被他人接收，
世界也因此变得更加温暖。

虽说“去有好言，来有好语”，
但说出去的好话本身，就已经很有价值了。

把我全部的爱都给你

是孤星也是星河

独处相对容易。
一个人喝咖啡，一个人喝茶，一个人想吃什么就能吃什么。
一个人笑，一个人哭，一个人可以决定自己该在什么时候去什么地方。

但即便再独立，也要记住某人喜欢喝的咖啡和彼此都爱吃的菜肴，去迎合对方的笑点和情绪，决定什么时间一起去什么地方或是在哪里停留。这些都是需要付出努力和心思的。

但即便需要付出很多努力，我们还是要和某人建立并维系某种关系。这是因为对方拥有不同于我的视角，会用不同于我的表达方式，并有着不同于我的能量。

与我不同的人会给我带来刺激和灵感，还会给我带来新的能量。那个人会让我发现我从不曾了解过的世界，甚至是我所不了解的自己，还会帮我开启等待已久的机会之门，甚至使我成为对他来说有价值的人。

更为重要的是，与我不同的那个人，会与我产生情感共鸣。

要知道人类历史上伟大的文学作品或电影，多数都是关于友情和爱情的。

虽然我喜欢咖啡，你喜欢茶，
但不妨碍我们彼此喜欢

友情、爱情、信任、关怀、共鸣，是无法单凭一个人就能产生的情感，只有在良性关系中才能出现。这些情感可以使我们的人生变得更加丰富多彩。

所以不要轻视别人。要懂得尊重他人、温柔待人。即使因为某人而倍感失望或气愤，也不要把面向其他人的心门全都关上。

在电视剧中，一旦出现危急状况，总会有个第三人作为救世主登场。在奇幻小说中，拥有魔法钥匙的人，往往是第一次见到的陌生爷爷形象。一个人就是一个世界，每一个人都像一本伟大的书籍、一部经典的电影那样，有叙事，有感动，有跌宕起伏的故事情节。更重要的是，这些故事都是真实发生过的。

我可以与他们一起书写新的人生篇章；我可以找到摆脱危机的线索，把精彩的故事继续推进下去；我也可以在某人的人生章节中扮演一个重要的角色。

人际关系可以拓宽我的世界。

孤星也是一颗星，
只有一颗颗孤星汇聚在一起，才能构成浩瀚的宇宙。

是真情就别怕表露

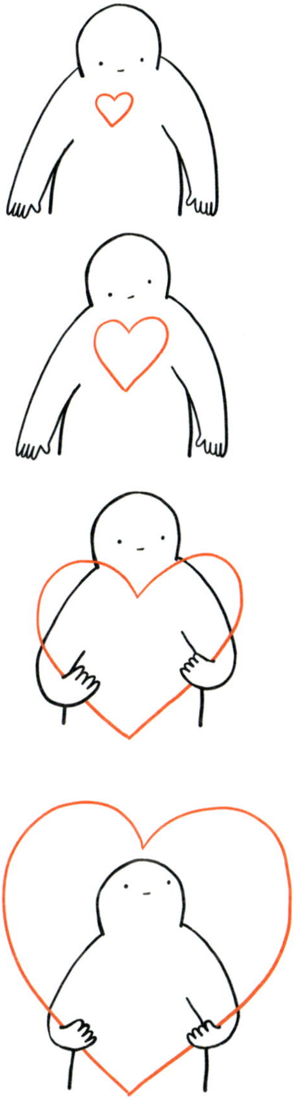

真情往往就藏在一句话里：
“突然想起了你。”
“你要小心，别感冒。”
“你的眼睛真美。”
“今晚的月亮好亮。”

但越能深深打动人心的话，
却越不好意思表露。

是信，就要装到信封里；
是爱，就要装进情话里。
郑重其事地传递出去。

要保留的最后一句话

最后一句话，最好不要说，
如果那句话关乎某人的伤痛。

最后一句话，最好不要说，
如果那句话关乎早已过去的事情。

最后一句话，最好不要说，
如果那句话关乎还未曾到来的离别。

最后一句话，最好不要说，
如果那句话关乎未被允许的忠告。

但是，
也有一些不应该忘却的最后一句话，
如果那句话关乎爱情、感激和不舍。

一句话，可以轻而易举地令我们疏远彼此，也可以让渐行渐远的彼此重新交织在一起。

正如我们出门前会精心挑选美丽的衣服那样，
我们也应该精心挑选一些美好的话语。

想要维系良好关系，
要学会在正确的时候去表达或沉默。

第五步

拭去眼泪和尘埃

擦去身体和心灵的灰尘，
成为熠熠生辉的自己

即使觉得人生已走到尽头

即使觉得人生已走到尽头，
别忘了，
结束的只是
人生的“第一部”，
而不是整个人生。

还有，
人生的“第二部”
在等待着我们。

结束的只是人生的“第一部”。

感受着所有的感觉

那些幸福以外的情感

除了幸福之外，还要重视那些被低估的其他情感。

如果你现在正在抑郁、后悔、痛苦、愤怒或悲伤的话，
就任由它去吧。

抑郁会促使你审视自己，
后悔会促使你成长，
痛苦会促使你休息，
愤怒会促使你反省，
悲伤会促使你深刻。

现在你所感受到的，想要回避的这些情感，
最终会像上市的股票一样，突显出它们的价值，
成为你成长的敲门砖。

无言的启示

那些容易被我们忽略的不起眼的事物，
可使我们获得人生中最质朴的快乐，
让我们获得人生的重大启示。

诸如蝴蝶、蜜蜂、鲜花、云朵、湖泊、草坪和星星。

宁静的自然如同情投意合的性格文静的朋友，
默默地将喧嚣都市带来的伤痛拥入怀中。
耳畔响起的喃喃细语，如轻轻挥舞的翅膀；
挂在嘴角的温柔笑容，似和缓舒展的身姿。
恰到好处的光芒，不会晃得人睁不开眼睛。

逃出被电子眼监视的会议室，
离开激烈到令人精疲力竭的现场，
当我们置身于大自然时，
蓦然发现自己与景色的契合度远比想象的要高。
而这也让我们获得了一个无言的启示，
那是我们出生时便已刻在身上的意义——
不必做任何事情，我的存在本身就已足够美丽。

想到这里，我不禁长舒了一口气，
那是能彻底净化我心灵的一口气。

正因为是你才美丽。
你的存在本身就很有意义。
就像大自然无须摆出长者的姿态，
就可以在不经意间用温柔又自然的形式带给你勇气。

独属于我的茶歇时间

能给世界带来和平的不是刀和盾牌，而是茶歇时间。
以往疲于奔命的我，今天下午 4 点需要的，
是让头脑和心灵放风的茶歇时间。

如果不能只做自己喜欢的事情

人不可能只做自己喜欢的事情，
有时候也要做一些不愿做的事情。
在这一过程中，也许可以到达曾经想去的地方，
也许还会发现新的机会。

但如果每天都在做不愿做的事情，
又看不到未来，
让你对自己和所做的事情不断产生怀疑，
甚至影响到当下的生活，
却还要继续做的话，
就无异于把自己的身体和人生借给了别人。

因此应该做出决定，
决定要以什么为代价出借自己的人生。
思考一下，
即使眼下所付出的代价并不大，我会拥有所期待的人生吗？
也许就在推迟做出决定之时，
生命正以想象不到的速度流逝。

在开始做新的事情时，勇气是必不可少的。
在放弃眼下所做的事情时，同样也需要勇气。
前一种勇气可以引导你走上新的道路，
后一种勇气可以使你走出歧途。

忧郁的日子也是宝贵的人生

忧郁的日子也是珍贵的，
可以与自己进行更深入的对话。
不幸的日子也有其价值，
可能会有意外的重要发现。

某一天的心情无法完全定义那天的我，
这些忧郁的日子，
也许会成为通往细腻内心世界的“石桥”，
而不是令人心惊胆战的“悬索桥”。
在忧郁的日子中，你的目光会更加深邃、微妙、虚幻，
就好像艺术家的目光。
你也许会获得新的人生视角，有更重大的发现。

因此，即使今天是个不幸福的或是忧郁的日子，
也不要把今天这珍贵的一天全部抛到时间之桥下，
更不要怠慢自己。

人生没有多余的日子，
只有宝贵的时间。

抱歉，我惶恐不安

怒气要分期化解

如果该发火时不发火，
就会在不该发火时大发雷霆。
怒火在心中积聚之后，哪怕是无关紧要的事，也会令人崩溃。

因此，当你遭受不公待遇、受到委屈、伤心难过，
或是类似的事情不断发生时，
如果发现做什么都无法排解，
那就寻找一下可以痛快地发泄怒火的方法吧。

可以像郑重地问候那样，郑重地发火；
可以像优雅地就餐那样，优雅地发火。

还有“不发火”的发火方式：
用坚定且比平时低沉的声音，
目光笃定，面带冰冷的微笑，
或是用凝重的沉默，
把自己的想法和情绪清晰地传递出去。

因为如果一股脑发泄出平时积聚的所有怒火，
无论是自己还是他人，都会难以招架。

我发怒的正当且重要的理由，
也许会被我发怒这一单纯的事件所掩盖。
不清楚我性情的人，
也许会因为我突变的情绪而不知所措。
所以不要忍耐，
至少在你能控制自己的情绪和言语时，
不用哭闹等非语言表达方式，
而是通过语言发泄你的怒火，传递你的心声。

在发生冲突前，还是先打开警示灯吧。
那是防止自己消耗感情的方法；
是在不惊吓到对方的前提下，
真诚、明确地传递自己心声的方法。

账单可以一次付清，
而怒气还是分期化解吧。

这是减少心力流失的方法。

那些可以带给你快乐的东西，

依旧在等待着你。

美好一直都在

如果你已经痛快地哭过一场了，那么请你抬头看一看。
在你哭泣时，湖水依旧波光粼粼。
那些可以带给你快乐的东西，依旧在等待着你。

创伤的价值

无法站在画布前作画，
马蒂斯*用彩纸剪贴的形式完成了《蓝色裸体》；

身患小儿麻痹，遭遇重大交通事故，
弗里达·卡罗*在病床上绘制出了多幅自画像；

经历无法忘却的情伤后，
歌德*撰写了《少年维特之烦恼》；

在屡遭事业失败，深受病魔折磨时，
诗人李箱*发表了短篇小说《翅膀》。

艺术是创伤留下的最美的疤痕。

* 马蒂斯

他是创立“野兽派”的法国画家。因身患肠道疾病，身体虚弱而无法站着作画的他，在暮年时改用剪刀代替画笔，染出自己需要的彩纸，开始尝试新的艺术创作——剪纸。

* 弗里达·卡罗

她摆脱社会对女性、残疾人的偏见，努力通过绘画点燃属于自己的艺术灵魂。她的画作被视作墨西哥的国宝。

* 歌德

他在舞会上结识了美丽的少女，却无法得到她的爱。在痛苦中，他选择了主动离开，并创作了有自传性质的名著《少年维特之烦恼》。

* 李箱

撰写了《鸟瞰图》《镜子》《翅膀》等作品的著名诗人、小说家，被誉为韩国文学史上超现实主义文学的先驱。

用艺术的形式消耗负面情绪

无论是谁听到不利于自己的话时都会气愤。与其让它变成让你失眠、没有胃口和伤心的导火索，不如换个角度，试着把它变成只属于你的美丽诗歌或画作。要知道，这种方式并非只适用于伟大的艺术家，也可以运用到你的现实生活中。

现在，就请把今天某人对你说的难听的话消化后当作素材，以新的形式寻找或创造出属于自己的“艺术品”，手法不限。你可以用色彩艳丽的画笔画出只属于自己的美丽画作；或是连词成句，创作一篇文章；还可以在已经写好的文章上，写下你自己现在最想听到的鼓励语。

请发挥一下你的创造力和想象力。在专注于创作的那一刻，你内心中所有的负面情绪和难听的话都会烟消云散。

创作完成后不要撕毁，要仔细珍藏，使其重生为新的承诺、决心或有意义的东西。这样，你的心情就会变好。因为每个人的心里都住着一个能拯救自己的艺术家。

创造独属于我的作品

在下面的空白处撰写或绘制属于自己的作品，让充满负面言论的内心被创作所代替而焕然一新吧。然后，把这个方法运用到现实生活中经常遭遇的被动状况当中，学会让自己的内心获得平静。

与自己保持社交距离

在疲于奔命的过程中，
如果能远远地观察自己和自己的人生，
那么，人就会
变得不那么焦虑，而是更加从容；
变得不那么吝啬，而是更加宽容；
变得不那么计较，而是更加温暖；
变得不那么贪婪，而是更加懂得感恩。
那些曾使我眼神黯淡的东西，都会消失不见，
获得幸福的理由会变得更加明确。

与此同时，还会对和我一样的其他人，
报以尊重的态度。

即使是与路边偶遇的
小草、小花、蜗牛、鸟儿、蜜蜂之类的小生命，
也会产生认同感和共鸣。
从容地用目光去问候对方，
只是因为彼此之间的共同点——我们都活在当下。

当我们偶尔因为某些状况而变得尖酸刻薄时，
就要与自己保持一段社交距离，
然后，去审视一下自己以及这个世界。

你将会发现之前从未发现的重要东西。

MEANWHILE, OUTDOORS

此刻的户外

丢掉沉重的东西

因你说了句真心话而疏远你的人，
原本就是不属于你的人，
因此要减轻友情的重量。

苦苦寻求却求而不得的东西，
原本就不是属于你的东西，
因此要减轻欲望的重量。

今日苦闷，
并不意味着往后的人生苦闷，
因此要减轻这一日人生的重量。

相反，要用你喜欢的事物来加重你双臂的力量。
左手拿着炸鸡，右手端着啤酒，
或者是双手提着购物篮，里面装满自己想要的东西。

我们还剩下很多要腾空和要填满的空间，
还可以用拿起来很重，放在心里却很轻的东西，
使沉重的生活变得轻松。

心情放松清单

丢掉让自己心情沉重的东西，自由地写下可以令自己心情放松的清单吧。例如，专属于自己的喜好清单、购物清单、外卖美食店清单、想吃的菜品清单、周末打卡地清单等。清单中最好是容易得到或买到，能有效安抚情绪的东西，要摒弃那些因价格太贵而增加欲望和负罪感的东西。

______清单

1.
2.
3.
4.
5.
6.

______清单

1.
2.
3.
4.
5.
6.

______清单

1.
2.
3.

成为会说话的人

倘若 A 代表成功的人生，那么 A=X+Y+Z。
X 是工作，Y 是游戏，Z 是保持缄默。

——阿尔伯特·爱因斯坦

最正确的说话方式就是少说话。
话不在于说，而在于听，越听越受益。
如果依然有话要说，要考虑到以下几点：

1. 不把他人的弱点或缺点当玩笑说出来，他人的自尊心不是笑料。
2. 不把他人的不幸当成谈资。
3. 不说闲话和坏话。因为它比谣言传播得更快，在某个瞬间会让你感到羞愧难当或是处境尴尬。
4. 可以在必要的时候推销自己，但不要炫耀太久。
5. 当说出“这是个秘密”时，这句话已不再是秘密。
6. 不要无意识或习惯性地说出消极的话。
7. 要当心假装倾吐心声，实则打探他人底细的人。
8. 对敌人，尤其是对伪装成朋友的敌人，要尽量少说话。
9. 不在第一时间用邮件或微信表达自己激动的情绪。

在说话之前先思考一下

10. 如果想去做什么事情，先观察几天自己的心意之后再去做。

11. 无法用邮件或微信表达的话语，就不要打电话或当面说出来了，因为那只会暴露你的不成熟。

12. 毫无说服力的辩解会使你看起来虚伪且懦弱。

13. 不把自己或他人曾经遭遇的失误、失败或痛苦当作话题。

14. 说出“谢谢”和“对不起”后，不再加一句“但是……”。

15. 不反复说“原谅你”这句话。

16. 无论是与何种地位或年龄的人说话，都不可以简化礼仪。

17. 吃饭前或吃饭时，不说沉重的话题。

18. 在线上尽量少说话，小心因情感表达不到位而产生误会。

19. 没说出的话还有机会再说，说出口的话却是覆水难收了。

20. 要多去倾听别人的话，这比不说不该说的话还重要。

21. 如果还有非说不可的话，那就把它说出来吧，因为这也是你的处事风格。

话不在于说，而在于听，越听越受益。

休息也讲究时机

该休息的时候不休息，
该跑的时候就跑不起来。

即使在没有风的时候，
风车也还是会转动。
而你却可以选择停下来。

就像每周五的晚上，人们是不会去接受心理咨询的，
而是会点一份炸鸡外卖。

反正一切都会好起来

因陌生人不友善的话或行为产生的不良情绪，
大概需要 40 分钟才能消解。
因为在公司失言而感到无地自容的时间，
将会持续一周左右，
而在此后一个多月的时间里，还是会时不时地想起来。
摆脱挫败感的时间大约需要 90 天。
疗愈因朋友背叛而受到的创伤，大约需要 5 个月的时间。
接受离别大约需要 7 个月的时间。

都说时间是良药，即使什么也不做，
时间也会疗愈伤痛，淡化疲惫的情感。
不过，在伤口自愈之前，如果还需要继续忍受痛苦，
请不要一味地等待，充分利用这一剂时间的良药。

想象一下现在就是几天后、几周后或是几个月后，
让现在的你提前到达未来的某个时间节点。
就像电视剧中镜头一切换，屏幕上就出现“× 年后”，
变了发型的主人公，不仅以充满活力的形象重新出现，
还解决了所有棘手的难题。
想象一下自己就是那个主人公吧。

还有，
要从真心支持你的人，而不是用谎言欺骗你的人那里获得动力，
要从喜欢你和你喜欢的东西中获取能量，
会让自己更早一点好起来。

人生总是会有不太好的日子。
会因疗伤的时间过长而感觉精疲力竭，
会因某种原因而无法获得原本应得的幸福，
那这些时间就会成为人生中的遗憾。

人生是短暂的、珍贵的，而且是美丽的。
正因如此，
你更应该当一切都很好，
因为反正一切都会好起来。

某一瞬间，
你就真的会遇见满血复活的自己。

停止安慰

当任何音乐都无法安抚你的情绪时，
与其一味寻找能够安抚情绪的音乐，
倒不如暂时关掉音乐。

因为，有时安慰也是需要停止的。

成为了解自己潜能的证明者

我们经常会因他人的误解而受到困扰。

此时你可以在脑海中想象自己不为人知的样子，
以此保护可能被他人的目光伤害的自己。

在因为把糖当成盐而毁掉了一道菜的时候，
要记起曾因烤制出玛德琳蛋糕而惊艳了众人的自己。

在因无趣的笑话而冷场的时候，
要想起曾以出众的才华吸引听众的自己。

在因算错了简单的算数题而感到丢脸的时候，
不要忘记曾经成功解开复杂题目的自己。

在因创意平平无奇而被忽略的时候，
要记住不久前因独家创意而获得掌声的自己。

尽管别人会忘记你，或是不太了解你，
但要记住，最了解自己的人是你自己。

这样，才能在动摇时，
产生不失去自我，向前迈进的勇气。

希望你能够成为自己的证明者，
见证最好的自己，
为将来更优秀的自己打气。

至少，
我们认识一个
最了解自己潜能的人。

写下能够证明自己潜能的“证词”

如同学生时期获得的奖状不知何时会消失一样，自己做得好的事情也会随着时间流逝被慢慢忘记。你做过的那些很棒的事情和你对自己感到满意的那一瞬间，会在你处境艰难、陷入低谷、因他人的言行而感到灰心丧气时，给你带去或大或小的力量。即便如此，那些珍贵的瞬间，还是会在不经意间从你的记忆里消失。所以，请你在这一页纸上，记录一下最棒的自己、最了解的自己、战胜困难的自己吧。这些“证词”将证明你是有无限可能的，而且还会激发出你的勇气和自信心，帮助你重新挺起腰杆，为再次出发提供巨大的动力。

不管从什么时候写起都是可以的，事情多小也都无所谓，只要能证明你记忆中不错的样子就可以了。

证词1：

证词2：

证词3：

证词4：

证词5：

第六步

等待适宜的季节

经受住严酷季节的考验，
必将迎来东风

即使这样，你也要继续前进

“这孩子是个思维混乱的家伙。”

——这是老师对儿时的爱迪生的评价

“这与 B 级电视节目或拉斯维加斯之秀差不多。”

——这是早期人们对艺术家安迪 · 沃霍尔的作品的评价

“太丑了，是谁把她带来的？”

——这是制片人对无名时期的梅丽尔 · 斯特里普（3 次荣获奥斯卡金像奖）的评价

感谢那些
说你做不成某件事情的人吧。
因为日后当你做成那件事的时候，
最吃惊的往往就是他们。

这也是即使遭到别人的否定，
你也绝对不能停下来的原因。

继续前进

将恐惧转化为势能

我能收获多大的成功，
可以通过开始前
所感受到的恐惧程度来衡量。

越恐惧，成就也就越大。
越恐惧，就越要开始。

把这份沉重的情绪，
转化为一种势能，
它可以轻松地把你带到你想要去的地方。

把这份沉重的情绪，转化为一种势能，

它可以轻松地把你带到你想要去的地方。

那些可以控制的事物，

也足以使我们的人生朝着自己想要的方向前进。

换个角度看世界

人生中既有无法控制的，
也有可以控制的。

那天的天气，
公交车的运行与停止，
运气，
他人的目光，
这些都是无法控制的。

那天的衣服，
是停下还是奔跑，
努力，
我自己的状态，
这些都是可以控制的。

即使无法控制的事物阻碍了我前进，
但那些可以控制的事物，
也足以使我们的人生朝着自己想要的方向前进。

天气变冷的话，就多穿衣服；
为了不错过公交车，可以奔跑或提前出门；
即使运气差，也要为下一次而继续努力；
与其在乎他人的看法，不如去发现自己的潜能；
集中精力把自己打造成所期望的样子。

在自己的人生中，
不要总看那些无法控制的事物，
而是要看那些可以控制的。
仅仅是从改变视角开始，
我们的人生就已经朝着自己想要的方向迈进了。

延绵不绝的希望

绝望中总会有一线希望。
其实不放弃那一线希望，才是真正有勇气。

抓住一线希望的你，
但愿可以用那段线编织出一件温暖又合身的毛衣……

为什么要停止

为什么要停止歌唱？
因为陌生人在听。
为什么要停下脚步？
因为会弄脏鞋子。
为什么要停止拥抱？
因为不能错过眼前的公交车。
为什么要停止欢笑？
因为明天可能会发生悲伤的事情。

为什么要一直保持沉默？
因为所有人都缄默不语。
为什么要继续原地踏步？
因为一直以来都是如此。
为什么摔倒后不站起来？
因为害怕再次摔倒。
为什么不再提问了？
因为咖啡凉得太快，一天又太短，无暇回答问题。
……

我们因为微不足道的理由，放弃了那些喜欢的事物；
因为非常可笑的理由，继续做着不想做的事情。

希望你不要停止歌唱。
希望你继续走下去。
希望你继续拥抱、继续爱、继续欢笑。
希望你不要找借口不去做自己想做的事情。
希望你可以去寻找自己想做的事情。

因为咖啡凉得太快，一天太短；
因为人生漫长，我们还可以实现梦想。

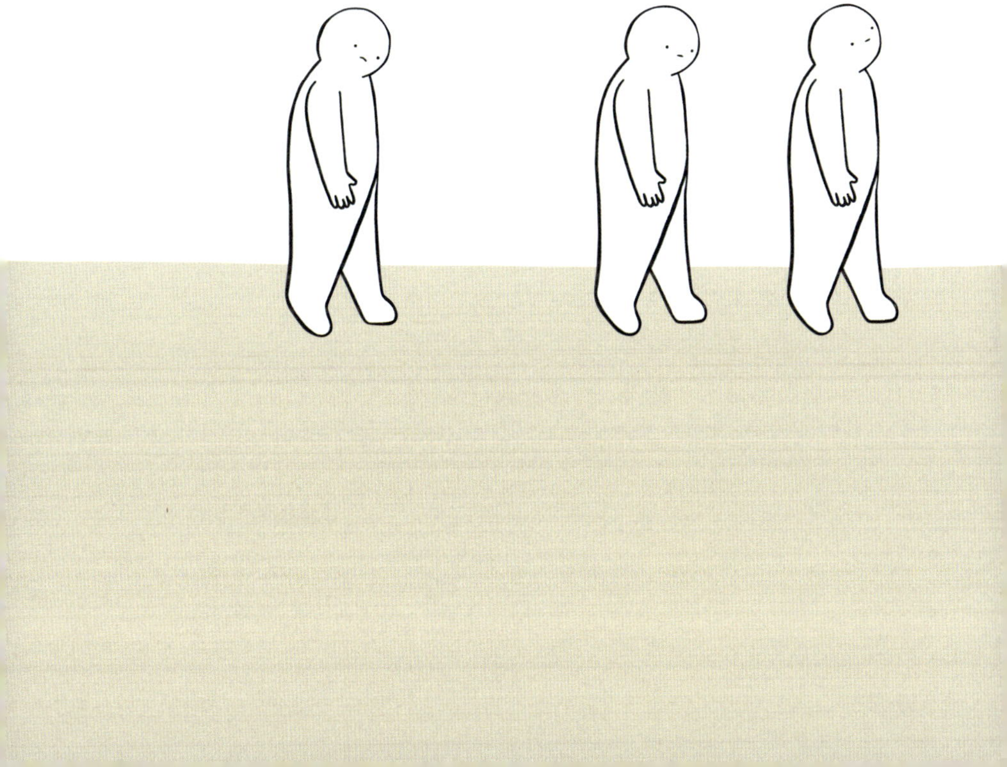

乌云上有晴空

现在的你，
即使像暴风雨中独自凌乱的柳树一样也没关系，
即使像烈火中的狼一样狂奔、哀嚎也没关系，
即使像扔向水面的石头那样掀起波澜也没关系，
即使像无风的日子里无精打采的旗子一样也没关系。

只要你依然没有放开手中那一线希望，
用它渡过你所面临的难关，
那么，你终将会在某一瞬间
从目前陷入的困境中脱离，
从看不到尽头的隧道和无法忍受的黑暗中走出来。
你一定会像暴风雨过后的大海那样恢复往昔的平静，
你也一定会从深不可测的沼泽中走出来。

你所羡慕的
那些看似沉静而优雅的人，
全部都有过这样的经历，
只不过你不知道而已。
暴风雨过后，晴天一定会出现。

希望

人生如何举重若轻

变化总是突如其来，
而我们还是期待着变化来得不要那么突然。

离别总是令人痛苦，
而我们还是期待着离别不要令人痛彻心扉。

梦想总是难以实现，
而我们还是期待着梦想能够快些照进现实。

面对变化、离别和梦想，还有人生中遭遇的各种事情，
我们之所以难以承受其重，
或许并不是因为生命本身的重量，
而是因为增加了太多期待的重量。

当你肩上的重担越来越沉时，
你不妨在某个寒冷的冬日里
只身穿过公园的芦苇丛。

曾几何时，随风摇曳着美丽身姿的芦苇，
在阳光下泛着绿油油、银灿灿的光泽，
即使是在生命走向尽头的沉重时刻，

每个人都在负重前行

也不会发出任何悲鸣，也不会做出任何抵抗，
只是轻轻地倒伏下去。

在目睹那些芦苇的枯萎后，
自己就足以更加心平气和地接受自己所面临的一切了。

变化总是突如其来，
离别总是令人痛苦，
失败总是无比沉重，
实现梦想的过程就是这么艰辛。
不只是我的人生如此，
对于任何人来说，人生都是如此。

而耐人寻味的是，
当我们能够平静地接受生命之重时，
反而能够获得一种力量，
让我们以轻松的心态和心情，重新出发。

去报复不如去开始

复仇之剑不是用来对准仇人的，
而是用来砍掉我前进道路上的荆棘的。

前者让你止于复仇，
而后者能让你走向你想去的地方。

去一个不必再想着复仇并能发现美好的地方。

闪耀的日出

暂停是为了更好地出发

对于薄荷草来说，度过夏日并不是件容易的事情。
即使没有病虫，即使正常浇水，
到 7 月中旬，它的叶子也会开始枯萎，泛黄掉落。

对于我们来说，也会迎来一段薄荷之夏般的难熬时期。
明明是同样的日常、同样的过客、同样的经历，
却让人感到异常疲惫、疏离和艰难。
有时即使再努力，也不会如自己所愿；
有时甚至都没有力气再继续努力下去了。
每当此时，最好什么都不去做，只需等待，就像等待夏日过去那样。

经过一段时间后，你会发现薄荷已长出了新芽。
此时要修剪枝条，整理根部，
将其重新种在花盆里，浇满水后放在半阴处，
它就会长出新芽。

我们的人生亦是如此。
如薄荷之夏那样的时期，
不仅仅是艰难的时期，
还是暂停片刻、进行休整、期待新变化的时期。

如同枯萎的薄荷重新长出新鲜的叶子，
会使柠檬水的味道更加清新一样……

如薄荷之夏那样的时期，
不仅仅是艰难的时期，
还是暂停片刻、进行休整、期待新变化的时期。

只将美好收藏

那句造成伤痛的话，
就让它左耳进，右耳出吧。
愿你的双眸只用来端详珍贵的东西，
可以高高地抬起下巴，时常仰望天空。
愿你不必压低声音，说出自己想说的话，
但你所说出去的话，都成为一朵花而不是一根刺。
愿你的头和肩膀都能轻松，
如果沉重，愿你能安稳地靠在某人的肩膀上。
愿你腰杆挺直，充满自信。
愿你的双腿能朝着你想去的地方每天迈进一点点。
愿你的双脚除了踩柏油路，偶尔也能踩一下青草和泥土。
愿你不要迟疑，即使是踏上未知的远方。
愿你的双手总是那么温暖。
愿你牵着爱人的手，永不松开。

愿你能抚摸着你自己和你珍视之人的
头、肩膀、膝盖、脚，一直爱下去。

愿音乐能带你飞翔

宽于待己

正如经常会在歌曲的同一个地方唱走调一样，
我们的人生也经常在同一个地方反复出现错误。

但是如果因此而跳过那个部分，
我们将无法唱出一首完整的歌曲。
同理，如果为了避免犯错而选择逃避，
那么，我们也只能止步在那个问题前。

愿你对自己或错误宽容一些。
因为重复犯错就是在重复练习，
多犯一次错误，就会降低犯错的概率。

因为只有不停歌唱的人，
才能唱出最美妙的歌。

正如把你送到现在的，
正是那时没有停住脚步的自己。

在尝试中成长

食谱可以教你做菜，
但不会只教你做你喜欢吃的菜。

指南针会告诉你东西南北，
但不会只告诉你想去的方向。

乐谱会为你展示乐章，
但不会只展示你喜欢的节奏和旋律。

导游手册会告诉你著名的景点，
但不会只告诉你那间你喜欢的小咖啡屋的特色。

如果你想拥有或寻找只属于你自己的，
而非千篇一律的菜品、道路、音乐或景点，
那你需要的是一点勇气和几次失败，
而不是食谱、指南针、乐谱或导游手册。

在勇敢尝试后，你最终将得到
虽然不够精良，却很有意义的，
你所创造和寻找的一切。
包括你自己。
那是以勇气为代价换来的自己。

我正在变成更好的自己

身处黑暗是为了迎接曙光

在黎明破晓时，
大地会瞬间迎来光明。

而这并不是在一瞬间就发生的事情。
黑暗从很早以前就已经开始一点点地退去，
直到最后迎来破晓。

如果你现在走在黑暗中，你要记住，
即使黑暗遮住了你的眼睛，让你放慢了脚步，
但只要不停下脚步，
当下的黑暗，就不再是刚才的那片黑暗。
你已经离光明越来越近了。

请你不要停下脚步。
努力走过深夜隧道的人，
终将迎来曙光。

你已经离光明越来越近了。

纵使疾风起

花儿是晴天留下的痕迹，
果实是大风留下的痕迹。

疾风吹过，
意味着花粉正在传播。

因此，当你的人生刮起强风时，
你只要记住，那些看不见的花粉正在四处传播。
终有一天，会结出漂亮的果实。

终于，你的季节到来了

没有人会告诉你，
摔倒之后，该在什么时候爬起来。

诸如手机的闹铃声，
运动会百米跑的发令枪声，
别人的催促或责备声，等等，
这些外部的信号都与你无关。

又如，
谁是怎样生活的，
取得了怎样的成就，遭受了怎样的失败，
早上吃了些什么，晚上参加了多么奢华的聚会，
参加聚会时背着什么包，坐着什么车来的，等等，
这些来自外界的消息，也与你无关。

当你将重心放在自己身上时，就是最好的时机。

我说的话会发挥什么作用，
我能走到哪里，
我走的路会形成怎样的地图，
我的那些抽象的想法会以怎样的形式呈现出来。

如同从冬眠中醒来的黑熊伸了伸懒腰，
如同迎春花在春天绽放，
你对自己的期望被激发出来的那一刻，
说明你已经准备好了。

冬眠了那么久，
属于你的季节再次到来了。

第七步

终使花开

为了让自己成长，
为了成为更好的自己

心怀梦想

即使不做梦也没关系，
即使不成功也没关系，
即使不被爱也没关系，
只管享受当下吧。

能酷酷地说出这些话的人，
其实是那些已经实现了梦想的人；
是那些已经获得了成功的人；
是那些面上说着时髦的漂亮话，
实际上却渴望更多关爱的人；
是那些凭借现有的一切，
就足以享受生活的人。

而成功的标准对每个人来说各不相同。
能从不了解你心伤的人那里得到关爱，
的确是一种幸运，
不过，更重要的是，
在你身边能有那么几个真正懂你心伤的人。

最好能有人对你说，
即使没能实现梦想也没关系，
但是你一定要怀揣着梦想，无论大小；

最好能有人对你说，
梦想不一定非要远大，
能让你一想起来就怦然心动的任何事情，
都可以成为梦想；
最好能有人陪在你身边，对你说，
心怀梦想，会使我们的人生更加丰富。

忽略年龄

保证我上午 10 点的面试不会迟到的时间及方式：
上午 8 点 30 分，乘坐 1004 路公交车。
严肃的会议后，惬意的下午茶和聊天的时间及地点：
下午 3 点 30 分，8 楼休息室。
可以在自然光下拍下最美照片的美妙时刻及地点：
下午 5 点到 7 点，仙游岛公园*。
摸鱼式加班后，还能和朋友聊天的时间及地点：
晚 9 点 20 分，二号线圣水站 7 号出口的咖啡厅。
电视剧最好看的时间及地点：
晚 10 点，温馨的家中。

愿你的人生不会错过每一个“现在”。

我现在是几岁并不重要，
重要的是，现在是几点。

如果想知道树龄，就必须砍伐树木。
但我们即便不知道树龄，
树木依旧奉献着凉爽的树阴；
阳光依旧穿梭于树叶间，形成炫目的风景；
还会结出甜蜜的果实。

所以，
只要我还能为自己或他人做一些事情，
我的年龄就不会比现在的时间还重要。

你人生中那些有意义的时刻，
究竟是几点几分呢？

* 仙游岛公园
位于韩国汉江边，
是韩国第一个通过回收利用的方法建成的生态公园。

别再说“明天开始”

说明天开始做，
就能从明天真的开始做的人，
才是个强人。

因为越是拖延，人的意志力就变得越薄弱。
因为“明天开始”的同义词是“这辈子都别想”。

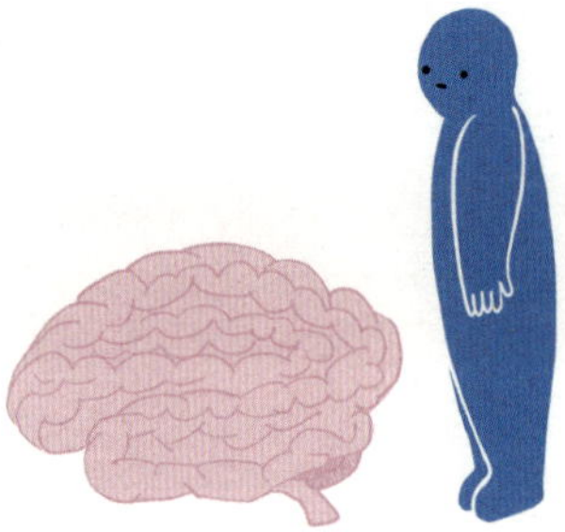

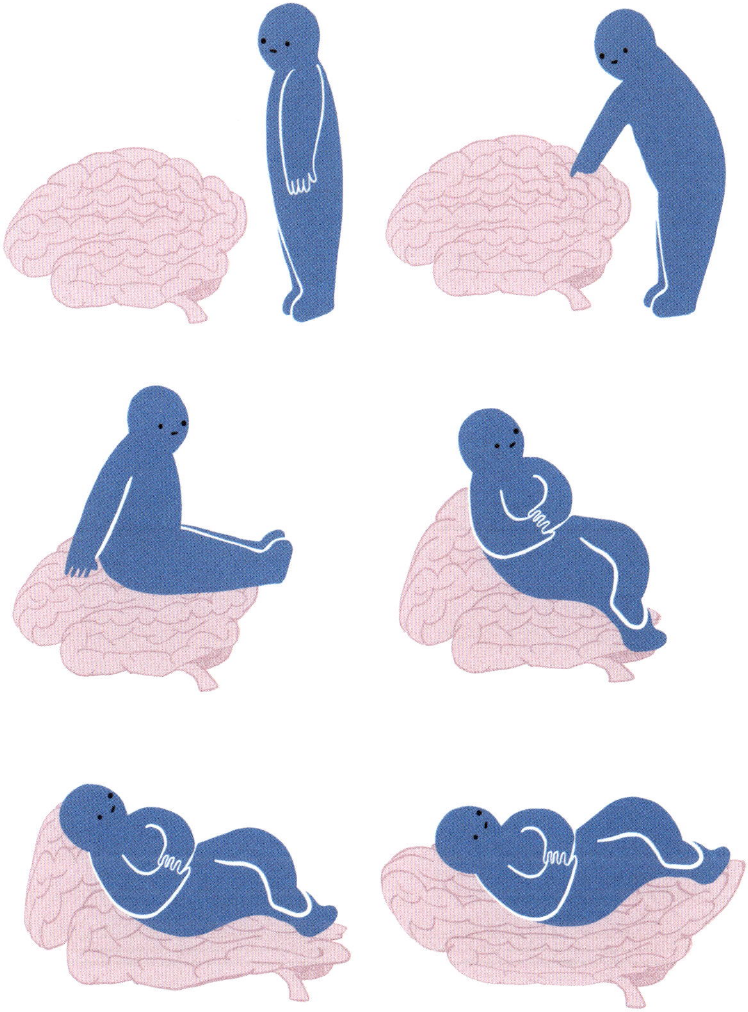

我为什么想得这么复杂

在产生杂念，陷入复杂情绪时，
我们会不自觉地在那个念头和那种情绪上，再添加一些复杂性，
那是对复杂的自己所产生的责备。
“我为什么想得这么复杂呢？”

实际上，人本身就是一种复杂的生物。
人能够意识到“我想得很复杂”，
得益于不同于动物的自我反省能力，
即元认知*。
与此同时，人类的自责、悲伤、喜悦、愤怒等各种情绪，
是速度极快的计算系统，是人工智能没有的。

也正因如此，人类才显得更加特别、更加美妙。
如果人类的想法不复杂，
罗丹的“思想者”就不会诞生。
所以你不必为“我为什么想得这么复杂”而自责，
你可以选择接纳，甚至感到自豪。

* 元认知
一种可以客观看待自己的能力，
是了解自己知道什么和不知道什么的能力。

现在，我的脑子里充斥着特别复杂的想法

称赞自己

在你美好而又短暂的童年时光中，
弄洒了水和食物，在墙上乱涂乱画，
而你只需要拍一拍小手，唱一唱跑调的歌，
即使屡次犯错，也不会挨骂。
这些小小的举动，就能得到大大的赞扬。
而这些赞扬，在不经意间积累起来，便造就了你的自尊心。

十几年后，长大成人的你一步步走过20岁、30岁、40岁、50岁……
其间，你得到的称赞会越来越少。
人们开始将目光聚焦于你的失误和失败。
人们经常会当面指责或背后议论
你不小心说错的话，你无意间做错的事，
还有你大大小小的失败。

但是在你长大成人的同时，
你也可以不再期待别人的称赞或是好话。

因为你可以把那些你所需要的话、好听的话，
说给你自己听。
愿你每天都能不断地用清晰的，
而非模棱两可的语言说出来：

“你今天看起来格外好看。”
“你说得很好。”
“谁都会犯错。”
“今天也辛苦了。”

或者鼓励自己去做自己想做的任何事情：
“你可以成功完成这次演出。”
“你还能再跑 100 米，跑过那座桥。”
“你可以不吃夜宵。”
“你可以度过更美好的人生。”

美国伊利诺伊大学的一项研究表明，
自言自语有助于激发和提高自控力。
这时，最好不用第一人称的“我”，而是用第二人称的“你”，
因为自言自语会带给你就像从别人那里得到鼓励和支持的感觉。

小时候听到的那些称赞和鼓励的话，
会培养人的自尊心。
而今天对自己说的每一句好话，
则可以塑造更好的自我。

充满爱意的话语，甚至可以让植物更加茁壮地成长。而我对自己说的话，则蕴藏着改变我人生的力量。

选择1
选择2

结局握在自己手中

我们会因为做出错误的选择，
而让人生迎来开放式结局。

但无论何时，书写结局的那支笔，
始终握在我们自己的手中。

成为第一名之前

为了成为第一名，
我们会竭尽所能。
但是，我们不会为了成为第一人，
而毅然决然地拿出勇气。

也许那些奇珍异宝，
并不是藏在尽人皆知的、竞相攀登的山顶上，
而是藏在你独自走过的、人迹罕至的那条路上。

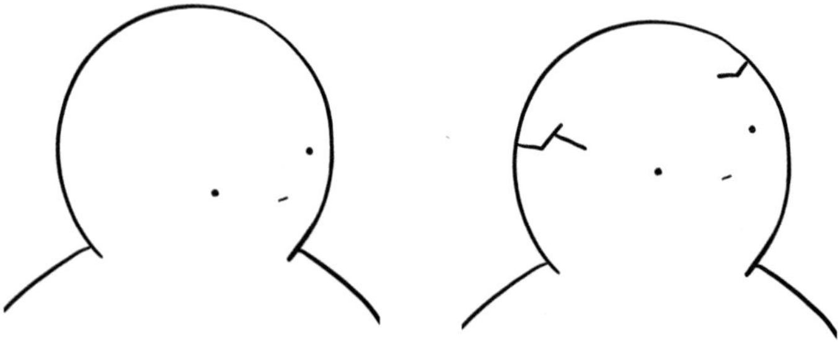

背包里装上水和饼干，
再准备好想象力和勇气。
如果你有勇气跟随你闪烁着光芒的想象力和直觉，
那么你将超越第一名，成为第一人。

你既可以成为
在他人创造的联赛中竭尽全力的人，
也可以成为
创造全新联赛的人。

在所有诚实努力的第一名之前，
始终存在着勇气不凡的第一人。

一直保持可爱

偶尔，
会有人因为搞不清什么是不懂事，
什么是不失纯真，
而成为不明事理的成年人。

也会有人因为搞不清什么是有权威，
什么是专制，
而成为老顽固。

这里最糟糕的组合就是，
既不懂事又搞专制的成年人，
也就是不明事理的老顽固。

人不会因为时间的流逝，
就自然而然地成为更好的人。
如果不是有意识地去醒悟，就很难明事理；
如果不是有意识地低头，就很难不成为老顽固。

想要成为既聪明又明事理的成年人，
就要像吃沙拉一样，像保养皮肤一样，
像做运动一样，像享受新的爱好一样，

成为像参天大树一样受人尊敬的人。

需要做出具体的努力。
如同用心矫正体态一样，
用心保持美好的态度。

用闪烁的眼眸去看待世界的那份好奇心；
相信别人也能想出更好创意的那份虚心；
在提高嗓门之前，懂得先去倾听的那份修养；
不是讽刺他人，而是缓和气氛的那份幽默；
不随意轻视他人、苛刻他人的那份恭谨……
以上这些美好的人生态度，
再加上经过漫长岁月而获得的生活洞察力，
会让你成为像参天大树一样受人尊敬的人。

人在刚出生的时候，无须任何努力也很可爱，
但是想要一直保持可爱，就需要付出极大的努力。
那就是岁月的价值。

一直保持可爱的人，
不仅可以成为某人的爷爷、奶奶，
还可以成为任何人的朋友。

相反，也有年纪虽小却一点都不可爱的人。
不懂事和老顽固并不一定与年龄有关。

选择冒险

要想到达风景优美的未知地带，一定会经过一段陌生的道路，
质疑这条路究竟对不对的不安与焦虑会如影随形。
也许你会被一个小土包绊倒，
或者因为突然窜出来的野生动物、意想不到的天气等
突发情况而感到惊慌失措。

当你想要改变你所熟悉却很厌恶的某些事物时，
当你开始做一件令你感到害怕又新鲜的事情时，
当你做一件看起来非常有趣的事情时，
当你和陌生人成为朋友时，
当你想要看到人生更美好的一面时，
你也会经历类似的过程和心路历程。

你不仅要面对令人惶恐不安的状况，
还要面对充满恐惧的内心，
并且还要反复试错，经历艰难的时光，直到适应新事物。
因为，
想要获得更大的幸福，就要有勇气承受暂时的不幸。

即使这样，你也不停脚步，依然充满信心的话，
那命运之神一定会将你引向
只属于探险家而不是游客的那令人惊叹的风景。

不要“关注”，要成长

相比于自己真正喜欢的，
更喜欢“点赞”数多的东西。

不回应眼前人的表情，
而是回复陌生人的留言。

尊敬的人没有与日俱增，
关注的人却越来越多。

不是用心去思考，
而是用指尖随意刷屏。

深夜，
并不是回想今天的自己，
而是通过观看某人的一天，
结束自己的一天。

别人的日常生活时刻闯入我的生活。
在我的日常生活中，
我真正喜欢的东西，
新发现的兴趣爱好，

从小事做起，大事自然成

有眼神交流的对话，
只属于自己的思绪，
却都日渐稀少，甚至不见踪影。
同时消失的，还有可以变得越来越好的自己。

就连坐公交车去某个地方时，
那些由天马行空的思绪带来的多彩片段，
也因订阅、留言、点赞而变得越来越单一。

现在开始放下社交软件，
着眼于眼前。

让我们重新找回那些在不知不觉间丢失的
小小的乐趣、畅游的思绪、愉快的对话、全新的面貌吧。
让我们重新找回由这些构成的自由吧。

不要去关注他人，
而是要让自己有所成长。

制订从“关注”到成长的计划

有些东西，我本以为无足轻重，可它却持续对我产生影响，不仅背离了我的意愿，还侵蚀着我的时间。举例来说，就是社交软件里别人耀眼的外表，一旦陷进去就忘乎所以的短视频。有没有什么办法能让我不再因为毫无意义的关注而失去自我、忘记自我，让我由里到外地成长起来呢？其实，没有人会比我自己更了解让自己成长的办法是什么。只是，想要找到那个方法，需要一个自省的时机，同时还需要一点点时间，就如同现在这样。

有必要取消关注的

能让我成长的（尽管微不足道，却能使我内心充盈、容光焕发的）

走在属于自己的路上

没有成功实现的梦想不会吸引他人的视线。
不会有人关注你，邀请你接受采访，
也不会有人问你最大的难处以及未来的计划是什么。
你会在最需要得到支持时，得不到任何支持。

但是正因如此，你反而可以将专注力放在自己身上。
你可以在跌倒后，默默地站起身。
虽然你会感到孤独和不安，
但你却是自由的。
你将学会相信自己，
享受悄悄靠近梦想的乐趣。

如果你实现了梦想，
世界会为你欢呼雀跃，为你加油打气，
就好像一开始就站在你身边支持你一样。

他们不会记得蝴蝶的前身是毛毛虫，
天鹅的前身是丑小鸭，
只会对眼前的蝴蝶和天鹅称赞不已。

正是因为你知道自己曾是毛毛虫和丑小鸭，
记得自己是怎样默默蜕变的，

如今才能站得更稳，
才会对欢呼声充满感激但并不留恋，
才会在欢呼声退去时，依然能够踽踽独行于来时路上。

我们都要只走在属于自己的路上。
虽然偶尔会有星光闪过又消失不见，
但只要不停下脚步，
那就是你真正想走的路。

成为自己

如果秒针、分针和时针都想以同样的速度转动，
那钟表将无法指向正确的时间。

如果迎春花、油菜花、波斯菊、山茶花都想在同样的时间绽放，
那四季就会失去属于自己的颜色。

每个人都有各自的速度，
不必因为自己的速度比别人快而得意忘形，
也不必因为自己的速度比别人慢而焦躁不安。

人生不是以速度论胜负的 100 米短跑，
只顾快速奔跑，会错过展现在我们面前的独家风景。

山茶花之所以美丽，
是因为它绽放在冬季。

真正的成功是成为自己。

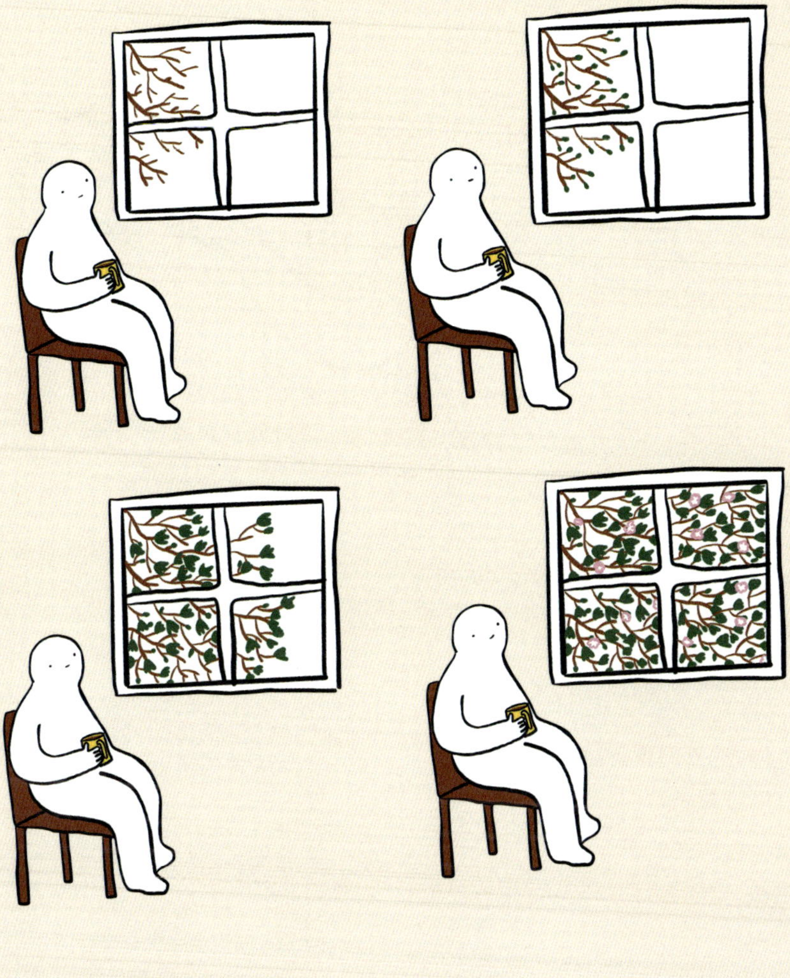

重新诠释“时机”

不要等待时机，
而是把人生当作时机。

如果领悟到这个真谛，
你可能会比现在还要幸福。

最闪耀的向导星

不要因为妨碍你梦想的人说的话或做的事，
而放弃你的梦想；

不要因为讨厌无关紧要的人，
而浪费了与珍贵的人相爱的时间；

不要因为昨天的失败，
而放弃今天的挑战机会。

善人与恶人，
成功与失败，
幸与不幸，
快乐与悲伤，
虽然看似交替出现，
但是如果拉长了时间与空间的距离再去看，
你会发现这些都是你人生中一直共存的东西。

因此，对于现在遭遇的不幸，无须太过沮丧；
对于现在到来的幸运，也无须太过兴奋，
更没有必要患得患失。

一切都会好的，

这适用于生活中所有条款和条件

因坏人而痛苦，
因失败而沮丧，
或因悲伤和不幸而感到心力交瘁，
无论正面临怎样的时刻，
都要去思考：

此时此刻的我
在仰望着什么？
为了什么？
选择了什么？

这些会成为一颗颗最闪耀的向导星，
指引你朝着想去的方向前进。

索引

本书的阅读方法是多种多样的：既可以从头开始一页页地慢慢品读；也可以快速浏览，然后再细细品鉴；还可以单凭直觉随意选择自己喜欢的页面阅读。在你心情不佳的时候，找到合适的文章来阅读。在你内心空落落的时候，你也可以选一篇文章充当下午 4 点的点心，用它来缓解饥饿。如果想找到你心里最需要的文章，请用下面的索引当作你心灵的指南针，在实践后你会成为一天比一天更好的自己。

- 当你突然被人背后插上一刀的时候 ——— 116，131，134
- 当你想成为不错的前辈的时候 ——— 026，038
- 当你想直接放弃的时候 ——— 124，174，178，213
- 当你想度过快乐时光的时候 ——— 080，160
- 当你想要放弃梦想的时候 ——— 208，210
- 虽然对自己没有信心，但是想要获得信心的时候 ——— 208，229，252
- 当你想要改变自己的时候 ——— 032，090
- 当你想知道爱自己的方法时 ——— 035，044，050
- 当你想要了解自己的时候 ——— 022，064，068，074，083
- 当因别人反对你要走的路而感到孤独的时候 ——— 004，208
- 当天气阴郁晦暗的时候 ——— 028，166，182
- 当好像没有人站在你这边的时候 ——— 138，200
- 当有人在你面前说另一个人坏话的时候 ——— 196
- 当被某人背叛的时候 ——— 134，154，223
- 当很难理解某人的时候 ——— 125，145，162
- 当给某人发了信息，却没有得到任何回复的时候 ——— 150，164
- 当与某人的关系让你感到失望的时候 ——— 054，116，162
- 当你遇到妨碍你实现梦想的人的时候 ——— 002，208
- 当你想要打造更好的自己，却又不得其法的时候 ——— 018，088，224，240，252
- 当你想要变得更加坚强的时候 ——— 050，088，090
- 当你想让心情变得轻松一点的时候 ——— 028，060，078，199，218
- 当你说错话的时候 ——— 196
- 当感觉一切错综复杂的时候 ——— 012，096，224

- 当你遇到不亲切的人的时候——132，154
- 当你对人倍感失望的时候——020，116，131，154
- 当你听到扎心的话的时候——004，100，102，114
- 当你想要得到生机与慰藉的时候——016，158
- 当你想要把痛苦升华为艺术的时候——188，190
- 当你霉运连连的时候——123，190，199，218
- 当你想管闲事或被人管了闲事的时候——120
- 当你想哭的时候——040，182，187
- 当你无法不当工作狂的时候——002，010，054，180
- 当你想要找回自尊的时候——044，072
- 当你似乎做了错误选择的时候——246
- 当你想去旅行的时候——056，080
- 当你想要建立真正关系的时候——142，146，152，166
- 当你在竭尽全力的同时又感到在自我消耗的时候——002，123，124
- 当你遭受巨大失败的时候——190，232，234
- 当你需要平常心的时候——086，093
- 当你在结束一天之际想要安慰自己的时候——050，096，248
- 当你因为没能说出该说的话而感到委屈的时候——118，170
- 当你想成为香气四溢的人的时候——026，032，049
- 当你需要独自走下去的勇气的时候——004，200，203，215